Hammam-R'Irha

(près ALGER)

Son CLIMAT

Ses Eaux Chaudes

Ses Eaux Froides

La Station

de

Hammam-R'Irha

(Près Alger)

SON CLIMAT

ses Eaux Chaudes, ses Eaux Froides

PAR

le Docteur Georges MARTIN

MÉDECIN DE L'ÉTABLISSEMENT

ALGER
IMPRIMERIE ALGÉRIENNE
1913

LA STATION D'HAMMAM-R'IRHA

(PRÈS ALGER)

SON CLIMAT

SES EAUX CHAUDES, SES EAUX FROIDES

Par le Docteur **Georges Martin**

Médecin de l'Établissement

INTRODUCTION

Les eaux minérales froides ou thermales jouissent à l'heure actuelle d'une faveur sans cesse grandissante amplement méritée par les remarquables effets curatifs qu'elles exercent sur un grand nombre d'affections restées radicalement rebelles aux efforts de toute autre thérapeutique. Aussi dans la plupart des états morbides chroniques, tels par exemple ceux qui dérivent de la diathèse arthritique, tous les médecins s'accordent-ils à prescrire ce médicament complexe mais efficace, la « Saison d'Eaux ».

Quand il s'agit d'une saison d'été, on n'a que l'embarras du choix, la F ance, l'Angleterre, l'Allemagne, l'Autriche offrent à l'envi leurs multiples ressources hydro-minérales. Il n'en est plus de même lorsque s'impose une saison d'hiver. Les stations européennes ne sont ouvertes que de mai à septembre, et tout le reste de l'année le malade se trouve privé de cette médication souvent nécessaire. Certaines d'entre elles restent bien entr'ouvertes pendant la mauvaise saison, mais la rigueur du climat d'hiver y rend le traitement si pénible et souvent si dangereux, que la plupart des médecins ont complètement renoncé aux « Cures d'hiver » accomplies dans ces conditions.

Quant aux stations d'hiver, telles par exemple celles de la Riviera Française ou Italienne, ce sont uniquement des stations climatériques, et nulle d'entre elles n'offre de ressources hydrominérales sérieuses.

C'est donc à d'autres régions qu'il faut s'adresser et, parmi toutes les contrées méridionales, c'est certainement l'Algérie qui devrait tout particulièrement attirer l'attention du malade et du médecin. Elle réunit en effet toutes les conditions désirables. Sa proximité, ses voies d'accès faciles, tout l'indique à l'Européen qui ne veut pas trop s'éloigner de sa famille ou du centre de ses affaires. Son climat d'hiver est infiniment supérieur à tous les climats de la Riviera. Dans ces stations de l'Europe méridionale on trouve, en effet, un hiver mitigé, mais rien de comparable à cette inaltérable douceur de température et d'atmosphère qui font de l'hiver algérien un véritable printemps d'Europe.

Enfin, elle offre au malade toute une richesse de sources minérales froides ou chaudes qui ne lui laissent rien à envier aux contrées les plus favorisées d'Europe.

Les Romains, nos maîtres dans l'art d'utiliser les eaux, avaient compris toute l'importance de cette inépuisable richesse et s'étaient empressés de la mettre en valeur. Sous leur domination, l'Afrique du Nord entière s'était couverte de stations thermales, et il n'est point de source minérale importante à côté de laquelle on ne retrouve des vestiges de leurs établissements. L'Afrique Française n'est pas malheureusement sous ce rapport à la hauteur de l'Afrique Romaine.

Quantités de sources sont inexploitées, à peine peut-on citer, perdues çà et là sur son immense territoire, quelques stations encore dans l'enfance.

Il en est une cependant qui a fait l'objet d'efforts répétés et constants, soutenues par des capitaux importants. Efforts couronnés de succès. Sortie depuis longtemps de la période d'enfance et d'organisation, Hammam-R'Irha est à l'heure actuelle la seule station hydrominérale de l'Algérie qui constitue à proprement parler une *Station Thermale* digne d'être comparée aux stations thermales de France, d'Allemagne ou d'Angleterre.

L'excellence de ses eaux et le charme de son climat l'avaient autrefois signalée aux Romains de Julia Cæsarea qui y avaient élevé la station d'Aquæ Calidæ, ville d'eaux et de plaisir de la capitale de la Mauritanie Césarienne. Les eaux ni le climat n'ont changé, et si la ville romaine a disparu sous l'injure des siècles, un luxueux établissement moderne s'est élevé sur ses ruines ne laissant rien à désirer pour le bien-être et le plaisir du malade qui s'y vient traiter.

PANORAMA D'HAMMÂM-R'IIRA

(Cliché Geiser)

PREMIÈRE PARTIE

LA STATION D'HAMMAM-R'IRHA

CHAPITRE I

Voies d'accès

Situé à quelque distance d'Alger, sur la grande ligne qui relie cette ville à Oran, Hammam-R'Irha est desservi par plusieurs trains par jour. Cette facilité d'accès fut un des éléments de son succès, car elle permet même au malade le plus impotent de se rendre à l'établissement quel que soit son état de santé. Il n'est point de touristes, résidant quelques jours à Alger, qui ne viennent le visiter, attirés par la réputation de ses eaux, par la beauté et le pittoresque des montagnes qui l'environnent.

Trois heures de chemin de fer suffisent pour franchir les 91 kilomètres séparant Alger de Bou-Medfa. La ligne traverse d'abord la riche plaine de la Mitidja et s'engage ensuite à travers le massif montagneux des Soumata en suivant la vallée de l'Oued-Djer. Le pays change alors complètement d'aspect, devient pittoresque et sauvage. On ne tarde pas à atteindre la station de Bou-Medfa. C'est là que les omnibus d'Hammam-R'Irha attendent le voyageur pour lui faire franchir les douze kilomètres séparant la gare de l'établissement thermal. Une heure suffit à ce trajet. Il faut sur cette courte distance s'élever d'environ 300 mètres pour atteindre aux 525 mètres d'altitude où se dresse la station thermale. C'est dire tout le pittoresque du chemin et quelles perspectives variées s'offrent au voyageur.

On longe tout d'abord la rive gauche de l'Oued-Djer, bordé de lauriers roses et de tamarix, roulant ses eaux jaunâtres parmi les galets de son lit demesuré. La route se dirige ensuite vers l'Ouest piquant droit sur le Zaccar, dont la masse imposante domine tout le paysage.

Avec de fortes rampes, décrivant de nombreux lacets, elle s'élève peu à peu sur le flanc gauche de la profonde vallée de l'Oued-el-Hammam. A chaque tournant c'est un nouvel aspect, peu à peu la perspective s'étend et l'on finit par dominer un immense panorama de montagnes. Le pays est âpre et sauvage. De tous côtés ce sont des vallées encaissées aux flancs abrupts formés d'argiles nues profondément ravinées par les pluies. A côté de pentes rocheuses, couvertes d'épais fourrés de lentisques, de jujubiers et d'arbousiers, s'étendent des plateaux riches en terre végétale où le blé et la vigne poussent vigoureusement. Dispersés de tous côtés des oliviers sauvages, d'énormes caroubiers au massif feuillage sombre, dressent leur tronc noueux ombrageant parfois la blancheur crue d'un marabout. De temps à autre, à côté d'un maigre champ d'orge à peine défriché, se dresse un gourbi arabe devant lequel se tient l'indigène au costume biblique.

On atteint le Plateau d'Hammam-R'Irha, on traverse le petit village au milieu des vignes. Encore 1.500 mètres pendant lesquels la route tracée à flanc de coteau domine la vallée de l'Oued-el-Hammam dont on aperçoit le ruban d'argent se dérouler capricieusement à 250 mètres plus bas, et l'on entre dans le parc de l'établissement.

La végétation luxuriante entretenue par les eaux qui murmurent de tous côtés, font de ce parc une merveilleuse oasis de verdure. Une large avenue bordée de palmiers, de lataniers, de caroubiers, d'eucalyptus, le traverse conduisant par une pente douce au grand hôtel placé dans une situation dominante, au milieu de merveilleux jardins à la végétation semi-tropicale où parmi les buissons de roses toujours fleuries, se dresse la multitude des orangers et des citronniers dont le feuillage sombre s'égaie de l'or pâle de leurs fruits.

Historique

C'est en ces lieux que s'élevait il y a plus de 19 siècles la ville romaine d'Aquæ Calidæ. Nous ne connaissons rien de ses origines, la première mention qui en soit faite se trouve dans l'itinéraire d'Antonin, dressé en 44 av. J. C. et revu sous Théodose II. Il en détermine l'emplacement à 25.000 pas de Julia Cæsarea (37 kilomètres de Cherchell). Une colonie de vétérans y avait été installée pour assurer la sécurité. A l'abri du castellum une ville se développa, promptement devenue, grâce aux vertus de ses eaux et au pittoresque de ses environs, la ville d'eaux et le plaisir des riches citoyens de Julia Cæsarea et de Tipaza. Ville importante puisque, d'après M. Victor Vaille, elle couvrait une aire de terrain de 1000 mètres sur 600. A l'heure actuelle il est facile de se rendre compte de ses dimensions ; les grandes pierres d'angle des maisons s'élèvent encore au-dessus du niveau des terres s'imposant à l'attention du voyageur, le parc et tous les terrains qui s'étendent en arrière en sont parsemés. Le sol est couvert de tuiles, de débris de poteries, souvent après les pluies on trouve çà et là des monnaies. Il n'est pas d'Arabe des environs qui n'ait du reste quelques « sous romains » à proposer au touriste.

Jamais l'on a pratiqué de fouilles méthodiques, il y a là tout un champ vierge s'offrant à l'activité de l'archéologue. Derrière le Grand Hôtel actuel on a reconnu des temples, un grand bâtiment à colonnes, probablement des thermes, car on y a mis à jour de curieux restes de piscines. Ptolémée en 125 parle des eaux d'Aquæ Calidæ. La ville fut longtemps importante puisque, de 303 à 484, quatre évêques s'y succèdent. L'invasion vandale du Ve siècle dut lui porter un coup fatal ; à partir de ce moment on perd sa trace dans l'histoire pour ne la retrouver qu'en 1580.

Les géographes arabes en parlent vaguement. El-Bekri l'appelle une petite ville, Edrisi un bourg. Mais même au milieu de cette décadence, les eaux avaient conservé leur réputation. D'après M. de Grammont, Diego de Haëdo, dans son histoire des rois d'Alger, raconte qu'Hammam-R'Irha était très fréquenté par les Arabes, même après la destruction des thermes et de la ville. D'après Shaw ils se servaient de deux piscines romaines qui avaient survécu, l'une étant destinée aux Arabes, l'autre aux Juifs.

On peut dire que depuis le début de l'ère chrétienne, les eaux d'Hammam-R'Irha n'ont pas cessé d'être prisées pour leurs vertus

Peut-être même doit-on faire remonter beaucoup plus haut l'utilisation médicale des sources. On a découvert, en effet, dans leur voisinage immédiat des substructions où se retrouve nettement la main-d'œuvre carthaginoise. Arrivés sur ces côtes dès le XIIe siècle avant notre ère, les Phéniciens qui avaient fondé le comptoir de Iol où devait plus tard s'élever Julia Cæsarea avaient peut-être déjà découvert la valeur thérapeutique des eaux.

Suivant l'exemple de leurs lointains prédécesseurs, les Français utilisèrent les sources aussitôt qu'ils les eurent reconnues. En 1842, les travaux entrepris pour l'établissement de la route de Blida à Miliana firent découvrir l'emplacement de l'ancienne Aquæ Calidæ, reconnaissable aux vestiges de ses piscines et à ses nombreuses ruines au milieu desquelles jaillissaient une dizaine de sources d'eau chaude. Les médecins militaires demandèrent l'envoi d'un certain nombre de malades à ces eaux thermales, et les résultats obtenus furent tels qu'un hospice militaire, d'abord rudimentaire, fut bientôt établi utilisant les piscines romaines qu'on n'avait eu qu'à nettoyer.

En 1880, M. Arlès-Dufour obtint du gouvernement la concession des sources pour 99 ans, sous condition d'ouvrir un hôpital civil pour les Algériens pauvres et de construire des bains spéciaux où les Arabes et les Juifs pourraient continuer à faire usage des eaux. C'est à ce moment que fut construit l'hôtel Bellevue, créé le parc, captées les sources. Les colons vinrent nombreux et la réputation des eaux s'étendant non seulement en Algérie, mais en Europe, les touristes français et étrangers accoururent en foule. L'hôtel fut bientôt trop petit, M. Arlès-Dufour conçut alors le projet d'un grandiose établissement thermal capable de rivaliser avec les plus luxueux établissements d'Europe, et, en 1882, on commença la construction de l'immense hôtel des Bains. Les circonstances l'empêchèrent d'achever son œuvre et le Crédit Foncier d'Algérie et de Tunisie lui succéda. Cette société améliora le plan primitif, continua l'œuvre entreprise et, grâce aux puissantes ressources dont elle disposait, réalisa l'établisssement tel que nous le voyons aujourd'hui.

CHAPITRE II

L'Établissement thermal actuel

Située à flanc de coteau, la station thermale d'Hammam-R'Irha se compose d'un immense parc au milieu duquel se trouvent étagés trois établissements thermaux. De ces établissements deux sont exclusivement réservés aux Européens et constituent, l'un l'établissement thermal d'été, l'autre l'établissement thermal d'hiver, le troisième étant uniquement réservé aux indigènes.

1° ÉTABLISSEMENT THERMAL INDIGÈNE

Les Bains Maures. — Complètement séparé des établissements européens, l'établissement thermal indigène est situé à la limite inférieure du parc, en contrebas du bord du plateau, sur lequel sont bâtis les autres édifices.

Il se compose d'une cour carrée. Trois des côtés de cette cour sont constitués par des bâtiments où logent les plus riches indigènes pendant leur séjour, les autres se contentant de l'abri des arbres environnants. Le côté Sud de la cour est occupé par un grand bâtiment à coupoles contenant les piscines au nombre de 4. L'eau chaude tombe dans chaque bassin de la hauteur du plafond produisant une masse de vapeur qui atténue encore la faible lumière venant de la voûte. Pendant le jour les piscines sont éclairées par quelques vitraux de couleur enchâssés dans la coupole. La nuit chaque baigneur s'éclaire d'une petite bougie.

Deux des piscines sont tièdes, deux sont chaudes. Il est difficile d'en donner la température, car elle varie souvent de plusieurs degrés suivant que l'Arabe gardien des bains laisse arriver dans les piscines une plus ou moins grande quantité d'eau. La température des piscines tièdes varie de 37° à 41°. Une des piscines chaudes est d'ordinaire à 43° ou 45°. Quant à l'autre elle atteint souvent les températures de 47°, 48° et même 50°. Ces températures n'effrayent point les indigènes. Certains d'entre eux arrivent à supporter l'immersion totale du corps durant plusieurs minutes dans cette eau à 48°, mais beaucoup se contentent d'y plonger seulement les membres malades ou s'agenouillant sur le bord de la piscine ils s'aspergent simplement le corps.

Les bains arabes attirent une quantité considérable de visiteurs. Telle est leur réputation que les malades y viennent quelquefois de 100 kilomètres de distance. On peut évaluer à 20.000 le chiffre de ceux qui les visitent tous les ans. Les deux tiers des baigneurs sont des femmes. Le séjour est de courte durée, aussi le traitement est-il intensif, chaque baigneur prend 2 et quelquefois 3 et 4 bains par jour. Toutes les maladies en sont du reste justiciables. Outre l'effet médicamenteux, les bains sont pour la femme arabe un lieu de réunion où elle rencontre ses amies. Aussi restent-elles longtemps dans les piscines, trois-quarts d'heure, une heure et plus, elles se plongent dans l'eau de temps à autre, puis s'asseyant sur les margelles elles causent, rient et chantent. Parfois l'une d'elle adresse une invocation au Soultan Sliman (Salomon), patron des sources, qui caché dans la montagne entretient leur chaleur bienfaisante, et la foi robuste des plus croyantes reçoit parfois cette récompense suprême de le voir apparaître dans la buée des eaux.

Après le bain l'indigène s'enroule dans son burnous et se couche au soleil, il fait en somme sa sudation. Pour étancher la soif ardente que donne le bain très chaud, il suce le jus d'un citron ou d'une orange, ou encore il va au café maure annexé à l'établissement boire une minuscule tasse de café suivant la mode arabe.

Beaucoup d'Arabes au lieu de venir à l'établissement préfèrent prendre le bain en plein air. Au flanc du coteau à 250 mètres environ des bains maures, la source Arlès-Dufour sort du rocher. C'est une source chaude non captée. Autour d'elle parmi de gros blocs de rochers, d'énormes touffes de lauriers roses forment des cabinets de verdure. Les Arabes viennent se baigner dans le bassin naturel où elle jaillit. En ex-voto les femmes accrochent au buisson voisin des morceaux de leurs voiles, et celles qui veulent se guérir de l'infamante stérilité viennent pieusement y plonger de petites poupées d'étoffe. C'est là que la prière est par-dessus tout agréable à Sidi-Sliman. On lui sacrifie des poules, on brûle l'encens et le benjoin dans des cassolettes de terre et c'est en son honneur que les petits cierges de cire multicolores, fichés en terre, brillent si souvent dans la nuit.

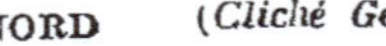

LE GRAND HOTEL D'HAMMAM-R'IRHA, FAÇADE NORD   (*Cliché Geiser*)

2e ÉTABLISSEMENTS THERMAL D'ÉTÉ

Hôtel Bellevue. — Ce fut le premier établissement civil fondé pour l'utilisation des sources, il date de 1877. Il est ouvert pendant l'été au moment où le Grand Hôtel est fermé. Situé sur l'extrême bord du plateau, il jouit d'une vue splendide sur les montagnes voisines et sur toute la vallée de l'Oued-el-Hammam qu'il surplombe directement. Construit complètement dans le style arabe, il comprend une vaste cour carrée plantée d'orangers entourée de trois côtés par les bâtiments de l'hôtel. La face sud est fermée par une galerie vitrée formant promenoir. De cette galerie on domine toute la vallée. Le regard plonge également dans la cour des bains maures situé à 10 mètres au-dessous, et il y a là toute une source de spectacles curieux sans cesse renouvelés.

L'établissement thermal est situé dans le rez-de-chaussée de l'aile nord. Il se compose de deux piscines. A côté sont les salles de douche, de massage, de bains. Les eaux qui alimentent l'établissement sont les mêmes que celles du Grand Hôtel, et les pratiques hydrothérapiques semblables.

L'hôtel Bellevue reçoit en été une nombreuse clientèle, en grande partie algérienne, qui vient faire sa cure d'eau et en profite en même temps pour échapper aux chaleurs étouffantes des plaines. Ici, en effet, même en été, l'air est toujours vif, délicieux à respirer et les épais ombrages du parc offrent contre l'ardeur du soleil la plus agréable et la plus efficace des protections.

Hôpital militaire thermal. — A 100 mètres à peine de Bellevue, se trouve l'hôpital thermal militaire situé en contre-bas du plateau. C'est le seul établissement thermal militaire de l'Algérie toute entière. Il comprend un grand nombre de bâtiments et son importance s'accroît tous les ans. Six sources thermales débitant ensemble 380 mètres cubes par jour alimentent ses services hydrothérapiques copiés sur les installations des hôpitaux militaires de Vichy et d'Aix-les-Bains. Il utilise pour ses bains de piscine une partie des vieilles piscines romaines qui ont survécu. L'eau thermale coule directement du rocher dans le bassin à demi taillé dans le roc. L'hôpital est ouvert pendant l'été. On y traite les affections rhumatismales ou goutteuses, les suites de fractures, d'entorses, de luxations, de plaies d'arme à feu, etc...

Hôpital civil. — Un hôpital civil est annexé à l'établissement thermal d'été, il est destiné à hospitaliser les Algériens pauvres dont l'état de santé nécessite la cure thermale.

3o ÉTABLISSEMENT THERMAL D'HIVER

Grand Hôtel des Bains. — Le Grand Hôtel des Bains s'élève à 150 mètres environ de l'Hôtel Bellevue en remontant la déclivité du plateau. Il se trouve situé au centre même des ruines de la ville romaine sur une magnifique esplanade carrée dont il occupe le côté Sud. C'est un immense bâtiment de 90 mètres de long dont la façade exactement orientée au Sud est terminée par deux ailes.

Tout autour de lui le parc s'étend, les feuilles des palmiers viennent frôler ses fenêtres, et tous les matins ses habitants s'éveillent au chant des oiseaux. Les arbres qui l'enserrent n'empêchent pas le soleil de le baigner librement. D'immenses sous-sols contenant l'établissement thermal l'élèvent au-dessus des branches, et l'on voit de loin briller sa façade blanche sur le bleu profond du ciel.

En arrière s'étend l'esplanade occupée par un magnifique jardin toujours fleuri, planté de palmiers et d'orangers. Dès janvier, un véritable tapis de violettes couvre les plate-bandes et l'air est parfumée par les buissons multicolores de roses toujours fleuries.

Le côté Est est occupé par une immense terrasse de près de 100 mètres de long, commandant une vue magnifique d'abord sur le parc qui s'étend à ses pieds, puis à 12 kilomètres plus loin sur la vallée de l'Oued-Djer et sur la gare de Bou-Medfa, que l'on aperçoit toute petite dans une ligne d'eucalyptus. Tout au fond, à 40 kilomètres de là, l'horizon est fermé par la montagne du Mouzaïa dont le sommet, souvent couronné de neiges éblouissantes, se détache crûment sur l'azur du ciel.

Un somptueux escalier de marbre blanc aboutissant à une vérandah, située sur la face Sud, donne accès à l'intérieur de l'hôtel. Conçu sur des grandes proportions, celui-ci présente toutes les commodités d'un hôtel de première classe. Il faut citer tout particulièrement la salle à manger et le salon situé dans les ailes, qui se distinguent par leurs majestueuses proportions. De toutes les pièces de l'hôtel on jouit d'une vue magnifique. La façade Sud toujours baignée de soleil domine la vallée de l'Oued-el-Hammam, les hauteurs de Vesoul-Benian et tout en arrière la chaîne du Goutas. La façade Nord regarde le Djebel-Hammam-R'Irha couronné de forêts de pins, sur les premiers plans duquel s'étendent les ruines de la ville romaine. Les pièces d'angle regardent : celle de l'angle Ouest le massif énorme du Zaccar, celles de l'angle Est le massif du Mouzaïa.

Les *Thermes* sont situés dans les sous-sols auxquels on accède directement du hall central de l'hôtel. Nul visiteur ne peut retenir un geste d'étonnement devant leurs proportions colossales, c'est ainsi que l'esprit est porté à s'imaginer les thermes de la Rome ancienne.

Directement sous le grand salon dans une pièce à demi souterraine se trouvent les deux grandes piscines à eau courante accolées. Chaque piscine mesure 10 mètres de long et 5 mètres de large. Leur profondeur étant de 1 m. 10 on peut facilement y nager.

A droite des piscines se trouvent les salles de repos, de sudation, de massage. A gauche s'étendent tous les services hydrothérapiques, salles de douches (douches ascendantes, en jet, en cercle, en pluie, douches vaginales, périnéales, douches d'Aix, etc...) puis les salles de bains.

Tous les appareils sont servis directement par l'eau thermale qui y arrive du griffon sans avoir vu le jour. Elle circule dans de gros tuyaux en cuivre rouge et contribue ainsi au chauffage des salles.

Cette situation des thermes directement dans le sous-sol de l'établissement facilite considérablement le traitement. Elle permet en effet même au malade le plus délicat de se soigner sans danger, quel que soit l'état de l'atmosphère.

DEUXIÈME PARTIE

Les ressources thérapeutiques de la station d'Hammam-R'Irha. — La station d'Hammam-R'Irha présente un ensemble exceptionnel de ressources thérapeutiques. Elle tire ces ressources *de son climat, de ses eaux chaudes, de ses eaux froides.* Nous allons étudier successivement ces divers éléments.

HAMMAM-R'IRHA STATION HIVERNALE ET ESTIVALE

Par sa situation priviligiée, Hammam-R'Irha constitue une station hivernale de tout premier ordre. Son climat d'hiver exceptionnellement tempéré produit des résultats thérapeutiques remarquables qui la rendent digne de rivaliser avec les stations hivernales les plus favorisées du littoral méditerranéen.

CHAPITRE I

Le Climat.— Le climat d'un lieu dépend de sa situation géographique et de sa situation topographique.

Situation géographique.— Placée presque exactement sur le méridien de Paris, à 20 kilomètres à peine de la Méditerranée, la station d'Hammam-R'Irha est située dans le massif montagneux des Zaccars par 525 mètres d'altitude.

Le massif des Zaccars est formé de tout un système de montagnes plus ou moins boisées, creusées de vallées abruptes, s'organisant autour des deux sommets principaux de la chaîne : le Zaccar Gharbi (1579 mètres) et le Zaccar Chergui (1572 mètres),ce dernier dominant directement la station à l'Ouest.

Ce massif montagneux se continue au Nord par les hauteurs moins élevées de Cherchell et du Chenoua et vient mourir dans la mer. Il se rattache à ce niveau à l'Ouest au Dahra. à l'Est au Sahel d'Alger. Au Sud le Zaccar se continue avec les montagnes de l'Atlas de Blida.

Il réunit en somme la ligne de hauteurs immédiatement parallèle au rivage, formée d'Est en Ouest par le Sahel, le massif de Cherchell et le Dahara, à cette autre ligne de montagnes parallèles mais situées plus en arrière que constitue l'Atlas. Il se dresse comme une barrière entre la plaine de la Mitidja à l'Est et la plaine du Chéliff à l'Ouest et sert à ces deux plaines de ligne de partage des eaux. Hammam-R'Irha est accroché au flanc sud du massif juste à l'opposé de Cherchell qui se trouve situé sur le flanc Nord maritime du même massif.

Du fait de sa situation géographique, le climat d'Hammam-R'Irha participe de la double influence de la mer et de la montagne qui lui assurent des qualités toni-sédatives remarquables.

Situation topographique.— L'établissement est situé à flanc de coteau du Djebel Hammam-R'Irha, sur un plateau incliné vers le Sud-Est dont l'altitude varie de 450 à 550 mètres. Ce plateau forme une espèce de balcon surplombant directement la profonde vallée de l'Oued-el-Hammam, dont les eaux coulent environ 250 mètres plus bas. La vallée est orientée d'Est en Ouest.

Si donc nous nous plaçons devant la façade sud du grand Hôtel, nous avons le panorama suivant :

En face c'est d'abord la profonde vallée de l'Oued-el-Hammam dont l'autre versant est formé par la hauteur que couronne le village de Vesoul-Benian. Derrière le village on devine la |profonde dépression ou coule l'Oued Zeboudj. Tout à fait à l'horizon, les lignes de hautes montagnes souvent couvertes de neige se superposent, la première ligne plus distincte étant constituée par le Goutas situé à plus de 20 kilomètres.

A l'Ouest , la vue se trouve rapidement arrêtée par le massif énorme du Zaccar Chergui qui forme la vallée de l'Oued-el-Hammam et dont le sommet, haut de 1600 mètres, se perd souvent dans les nuages.

A l'Est au contraire, la vue s'étend, suit la vallée de l'Oued-el-Hammam puis celle de l'Oued Djer et n'est arrêtée qu'à plus de 40 kilomètres par les montagnes de l'Atlas de Blida au-dessus desquelles se dresse le sommet neigeux du Mouzaïa.

Au Nord, enfin, derrière l'hôtel, le Djebel Hammam-R'Irha s'élève en pente douce. Sa crête domine l'hôtel de près de 150 mètres. Toute sa partie Est du versant est couverte par la forêt de pins de Chaïba qui se continue avec d'autres forêts s'étendant jusqu'à la mer. De la crête du Djebel Hammam-R'Irha, à 400 mètres environ de l'hôtel, on voit facilement la Méditerranée au niveau de la baie de Chenoua et l'on aperçoit très distinctement la masse conique du tombeau de Juba II dressé sur la crête d'une des dernières ondulations du Sahel, s'enlever sur le fond bleu sombre de la mer.

Influence de cette situation sur les éléments constitutifs du climat. — Nous allons étudier maintenant successivement les différents éléments constituant le climat d'Hammam-R'Irha

1° **Température.** — Hammam-R'Irha étant situé dans la zone prétropicale, jouit d'une température hivernale élevée et estsous ce rapport supérieur aux stations de la Riviera Française ou Italienne. On a donné comme moyenne thermométrique de la température de ses 6 mois d'hiver le chiffre de + 12°. Il ne faut du reste attacher aucune importance à la température moyenne qui est fatalement erronée, et je cite ce chiffre uniquement comme point de comparaison avec les stations du littoral. Il est beaucoup plus important de constater qu'il est très rare de voir le thermomètre tomber à 0°. La neige et la glace sont à peu près inconnus. S'il se produit une chute de neige elle fond aussitôt en touchant le sol, et même en ce cas l'air n'est jamais froid. Mieux que toutes les observations, la végétation constitue un témoin impartial de la température d'un lieu. Il suffit de regarder la luxuriante végétation du parc pour se convaincre de la bénignité qu'elle présente ici. Tout près de l'hôtel se trouve une plantation de bananiers qui mieux que tout thermomètre démontre bien qu'il ne gèle jamais.

La proximité de la mer donne à cette température une égalité remarquable. Jamais l'on ne constate de variations thermométriques brusques. Les oscillations nycthémérales varient entre 6° et 10°, en moyenne. On ne constate pas d'écart excessif entre le soleil et l'ombre, ni de chute brusque au moment du coucher du soleil. La nuit n'étant pas froide en général permet de faire de l'aération continue lorsqu'il est nécessaire. L'influence de la mer se fait également ment sentir sur la température saisonnière ; si l'hiver n'est jamais froid l'été n'est jamais très chaud, Hammam-R'Irha constitue pour les Algériens une station estivale appréciée.

2° Pluie. — Le voisinage de la mer détermine un régime pluviométrique particulier. La quantité de pluie tombée chaque année est assez élevée, malgré cela les jours de pluie sont assez peu nombreux. Les précipitations aqueuses se font par orages brusques excessivement abondants rappelant le régime de la zone torride. La pluie fine, continue durant toute une journée est très peu fréquente. Il pleut beaucoup moins à Hammam-R'Irha que sur le littoral, l'altitude corrigeant sous ce rapport les inconvénients du climat maritime.

3° Humidité. — On a souvent l'habitude de mesurer l'humidité d'un climat au nombre des jours de pluie, et se basant sur cela on dit que les climats du littoral méditerranéen sont des climats secs parce que les jours de pluie ou de brouillard y sont relativement peu nombreux. Mais il faut tenir compte de l'humidité relative qui est toujours très élevée en raison de la saturation de l'air par la vapeur d'eau que produisent la température élevée et le voisinage immédiat de la mer. C'est cette humidité qui rend si pénibles les moindres variations de température au bord de la mer. C'est cette humidité qui force le malade à écourter sa journée médicale, c'est-à-dire le temps pendant lequel il peut sortir.

A Hammam-R'Irha on ne constate rien de semblable. L'air est sec du fait de l'altitude, et du fait de l'absence de toute masse d'eau dans le voisinage immédiat. L'Oued-el-Hammam est situé beaucoup plus bas et les brouillards qui s'en élèvent ne parviennent jamais jusqu'à l'établissement. L'inclinaison du plateau draine rapidement les eaux dans le profond fossé de l'oued. La perméabilité du sol, la végétation, ont vite raison des dernières traces d'humidité, l'on ne voit jamais de brouillard à Hammam-R'Irha, l'air y est toujours sec. Jamais l'atmosphère ne contient d'humidité libre. Jamais l'on ne voit les pièces inhabitées, les rampes d'escalier, les tapisseries devenir humides. Ce qui prouve mieux que toute autre chose cette sécheresse de l'atmosphère, c'est son extrême limpidité. Souvent les montagnes paraissent toute proches ; or chacun sait que cette limpidité est due principalement à la faible teneur de l'air en vapeur d'eau.

4° Régime des vents. — L'établissement est protégé contre les vents par les montagnes et les forêts qui l'entourent.

Pendant l'hiver les vents les plus fréquents sont les vents Ouest, Nord-Ouest et Sud-Ouest. Le vent d'Est est au contraire plus fréquents pendant l'été. Quant au siroco il ne souffle en moyenne que 35 fois dans l'année. Du reste pendant toute l'a saison d'hiver il n'apporte pas avec lui de gêne appréciable.

Les vents les plus à craindre l'hiver sont donc les vents d'Ouest qui sont froids et souvent pluvieux. Hammam-R'Irha est très bien protégé contre ces vents ainsi que contre les vents du Nord. La masse énorme du Zaccar avec ses 1.600 mètres d'altitude arrête le vent d'Ouest. Le Djebel-Hammam-R'Irha qui s'élève à 150 mètres au-dessus de l'hôtel le protège contre le vent du Nord. De plus à l'Ouest et au Nord s'étendent d'immenses forêts de pins qui achèvent de briser le mouvement des masses d'air. Aussi malgré l'altitude, l'atmosphère est-elle remarquablement calme, le vent du Sud est arrêté en grande partie par la chaîne du Goutas. La station est moins protégée contre le vent d'Est. Ces deux derniers vents sont du reste peu à craindre, car ils ne font en général qu'amener le beau temps.

Pendant les rares jours ou se produisent des bourrasques le malade peut sortir quand même et faire sa cure d'air, les massifs boisés du parc et la forêt de Chaïba lui offrant à l'envi d'inviolables abris où ne pénètre pas le moindre souffle.

5° **Nébulosité, Luminosité, Insolation.**—Les jours de soleil sont le grand nombre, et même les jours de pluie il est rare de voir le ciel rester couvert pendant la journée entière. L'inclinaison vers le Sud du plateau, qui porte la station, assure une perpétuelle insolation. Depuis le lever jusqu'au coucher du soleil, le moindre rayon arrive directement sur l'établissement. De plus, cette inclinaison augmente l'intensité de la radiation solaire, car les rayons frappent le sol plus perpendiculairement.

Enfin grâce à la grande sécheresse de l'air, l'insolation prend des qualités particulières. En effet, lorsque l'air est sec il laisse passer à la fois les radiations lumineuses et caloriques et l'on ressent alors très vivement la chaleur du soleil. S'il devient humide au contraire il arrête complètement les rayons calorifiques, et même au soleil on ressent l'impression de froid. De même sont arrêtées en grande partie les radiations chimiques. On connaît l'importance de ces radiations calorifiques et chimiques pour l'entretien de la vie. Ce sont elles qui contribuent à donner au climat d'Hammam-R'Irha ses qualités toni-sédatives.

6° **Pression barométrique.**—La pression barométrique moyenne est d'environ 715 millimètres.

Elle atteint son maximum en janvier et décroît ensuite jusqu'en avril. L'amplitude moyenne des variations barométriques est d'environ 5 millimètres. Cette oscillation est en général très lente.

7° **Air.** — Nous avons vu que l'air est sec. Il est aussi remarquablement *pur*. Il ne contient pas de poussières, ni de germes, grâce au voisinage de la mer et grâce à l'altitude. L'air marin est en effet remarquablement stérile, et la teneur microbienne des couches d'air diminue à mesure que l'on s'élève.

Enfin il faut tenir compte du voisinage de la forêt. Ces immenses étendues boisées d'essences résineuses communiquent à l'air des qualités spéciales. Lorsque le vent souffle sur la forêt, il se charge d'effluves résineuses très sensibles à l'odorat, il se charge surtout d'ozone et de térébenthine. Cela est surtout sensible par les temps tièdes et chauds. Outre ses qualités thérapeutiques, cet ozone a l'avantage de détruire les bactéries que pourrait contenir l'atmosphère.

Le ven de la mer amène lui aussi quelques éléments spéciaux, il est chargé d'ozone, de chlorure de sodium, d'iode, de brome, éléments constitutifs de l'atmosphère marine.

8° **Terrain, Forêts de pins.**—Le terrain étant perméable et incliné assure un bon drainage. Une demi-heure après la pluie on peut sortir, le parc est sec. La nature du sol empêche complètement la *poussière* de se produire, et comme il n'y a point de routes dans les environs, les vents n'en soulèvent jamais.

La Forêt de Chaïba toute proche constitue une merveilleuse annexe du parc, où l'on peut se promener sans fatigue sur des chemins plats au milieu de merveilleux paysages de montagne. Cette forêt présente des qualités qui en font un endroit exceptionnel pour la cure d'air. Située sur le flanc de coteaux abrupts on n'y trouve aucune humidité. Les arbres résineux qui la composent, pins, thuyas, etc., sont suffisamment éloignés les uns des autres pour que l'air y circule librement, on n'y voit point de sous-bois sombres, humides comme dans nos forêts de France. Elle ne nourrit ni mousses, ni champignons. Le sol est couvert de bruyères et de romarins. L'air y est toujours calme même par les plus grandes tempêtes, et le soleil y donne, depuis son lever jusqu'à son coucher, la chaleur de ses rayons, dégage les effluves balsamiques dont l'atmosphère est saturée. Toujours immuablement verte, toujours abritée et soleillée, toujours sèche et parfumée, réservant à celui qui la parcourt de splendides échappées sur les montagnes environnantes, la forêt de Chaïba constitue un des joyaux de la station. L'administration y a fait pratiquer des allées qui tournant lentement aux flancs des coteaux permettent d'en admirer successivement les beautés. Ces allées constituent pour le convalescent des promenades idéales.

9° Salubrité.— Située dans un pays neuf ne contenant aucune agglomération humaine importante, la salubrité de la station ne laisse rien à désirer. Les eaux potables alimentant l'hôtel sont très pures et bien captées. Le tout à l'égout fonctionne partout. Les environs immédiats du parc étant cultivés, celui-ci est très salubre. On ne cite jamais aucun cas de paludisme dans les environs.

CHAPITRE II

La Cure de climat.— La cure de climat consiste surtout en une cure d'air, de repos et d'alimentation. L'aération et l'ensoleillement en sont les deux facteurs principaux. Le malade doit en profiter le plus possible et passer la plus grande partie de sa journée au dehors. On a donné le nom de *journée médicale* à cette partie du jour pendant laquelle il peut et doit rester au dehors. Cette journée commence environ 1 heure après le lever du soleil et finit 20 minutes avant le coucher. Le climat sec d'Hammam-R'Irha permet de prolonger cette journée, car ce qui force le malade à regagner son domicile avant le coucher du soleil dans les stations du littoral, ce n'est pas le léger abaissement de température qui se produit à ce moment, mais bien la précipitation de la vapeur d'eau due au refroidissement par rayonnement.

Cette sécheresse, jointe à l'habituelle douceur de la nuit, permet la pratique de la fenêtre ouverte quand elle est indiquée. Suivant l'état de sa santé le malade doit faire des promenades dans le parc, la forêt et les environs, ou se contenter de pratiquer la cure d'air et de soleil sur une chaise longue. Il trouvera facilement dans le parc toutes les expositions possibles. Les massifs boisés lui offriront un abri contre le moindre souffle d'air, sans lui donner pour cela d'humidité. Il existe à Hammam-R'Irha un merveilleux endroit pour la cure d'air, c'est une espèce de petit plateau entouré de pins qui surplombe directement la vallée de l'Oued-el-Hammam. Le soleil y donne la journée entière, et l'on a de tous côtés un magnifique panorama de montagnes. Le malade peut rester là pendant des heures sans penser, laissant errer son regard sur l'immense horizon, il trouve ainsi le repos complet du corps et de l'esprit si nécessaire aux nerveux , aux convalescents et aux surmenés de tout genre. Le neurasthénique n'y ressent pas cette angoissante sensation d'écrasement que donnent certains pays de montagnes dominés par des pics élevés. Ici l'on voit la montagne, on la domine et elle ne fait que varier à l'infini le paysage.

La belle lumière et la belle nature environnante exercent sur le moral une profonde influence qui n'est pas à négliger car elle contribue à redonner aux déprimés, le goût et le désir de vivre.

Action physiologique de la cure du climat.— L'air pur, vif, sec chargé d'ozone, d'effluves marines et forestières, le bain de soleil et de lumière, l'altitude moyenne, le calme profond d'un pays neuf sans habitations humaines, voilà les facteurs qui interviennent pour modifier profondément l'organisme. L'effet excitant de la mer se combine à l'effet sédatif de l'altitude et de la forêt à l'effet tonique de la lumière solaire.

Cette influence du climat se traduit souvent par tout un ensemble de phénomènes très sensibles surtout au début et produit une sorte de *poussée d'acclimatement* très analogue à la poussée thermale. Chez le sujet sain normal, cette poussée consiste dans une augmentation de l'appétit, une rapidité plus grande de la digestion, une activité des fonctions intestinales, le tout aboutissant à une sensation de rajeunissement et de bien-être très agréable. Chez le malade la réaction varie à l'infini suivant la période de la maladie et le plus ou moins d'intégrité des viscères. Ce que l'on constate chez tous c'est une *suractivité des échanges nutritifs*. Cette action profonde sur la nutrition se traduit par l'augmentation du nombre des globules rouges du sang et de leur pouvoir d'oxygénation. Il se traduit surtout par de grandes variations du coefficient d'oxydation azotée de l'urine. Au médecin de savoir utiliser ce mouvement, de l'accélérer ou de le modérer suivant les différents cas particuliers.

Applications thérapeutiques.— Il est difficile de délimiter de façon précise les indications du climat d'Hammam-R'Irha.

On peut dire que d'une façon générale tous les *convalescents* de maladies aiguës, tous les *chroniques* (sauf contre indications) retireront grand bénéfice à passer l'hiver dans un tel climat.

Pour les *convalescents* la possibilité d'une aération continue de jour et de nuit, l'insolation, la respiration dans un air pur et vif, hâteront de beaucoup la guérison.

Quant aux *chroniques* ils retireront toujours grand bénéfice de n'être point exposés au froid et à l'humidité des hivers européens et surtout de pouvoir faire de l'exercice et vivre au grand air la plus grande partie du jour.

Sous cette influence bienfaisante, les dépenses de l'organisme s'exaltent, les lésions constituées évoluent moins rapidement, beaucoup de complications peuvent être évitées et souvent la guérison survient.

C'est en s'inspirant de ces considérations générales, beaucoup plus que du nom de la maladie, que l'on peut déterminer les cas où le malade doit être envoyé à Hammam-R'Irha.

Avant tout les *neurasthéniques*, les *fatigués* les *débilités*, les *déprimés*, par surmenage physique, intellectuel ou moral en retirent le plus grand bénéfice. L'action tonique du climat se fait sentir immédiatement chez eux. Il en est de même des *anémiques* et des *convalescents* de maladies aiguës ou d'opérations chirurgicales. Chez ces malades le passage brusque du froid, de l'humidité des hivers d'Europe, à la tiédeur et au soleil d'Hammam-R'Irha détermine une véritable résurrection. Certains *cardiopathes* à la période de compensation, même s'ils présentent un léger degré d'hyposystolie et de congestion passive, y sont très améliorés. Il en est de même des ralentis de la *nutrition*, des *scléreux*, des *arthritiques*, des *goutteux*, des *rhumatisants*.

La cure de climat donne d'excellents résultats dans les *maladies des voies aériennes* surtout lorsqu'il y a tendance au catarrhe. Ainsi seront améliorés les rhino-pharyngites chroniques, les catarrhes de

LE GRAND HOTEL, FAÇADE SUD, VU DU JARDIN   *(Cliché Geiser)*

la trompe, les trachéo-laryngites, bronchite chronique, dilatations des bronches, emphysème, asthme. L'air sec pur, ozonisé, aura dans ces cas une influence décisive.

Je dois enfin dire un mot de la tuberculose, les bacilloses osseuses, articulaires, ganglionnaires, cutanées en retireront certainement grand bénéfice.

Quant à la tuberculose du poumon deux cas se présentent suivant que l'on peut agir à titre curatif ou à titre préventif.

A titre préventif. — Ce sont en général des sujets lymphatiques, faibles, débiles, issus de parents bacillaires, et chez lesquels on peut craindre de voir un jour apparaître la maladie. A ceux-là le climat d'Hammam-R'Irha convient merveilleusement.

A titre curatif. — Il conviendra dans les deux premières périodes de la bacillose et donnera surtout d'excellents résultats dans les bacilloses fermées et dans l'adénophatie trachéo-bronchique. L'état général se relève très vite et les lésions locales s'améliorent.

CONTRE-INDICATIONS

Nous avons vu que les indications de la cure climatérique d'Hammam-R'Irha sont très générales et dépendent surtout du sujet plus que de la maladie. Il en sera de même des contre-indications. Pour les déterminer il faut tenir compte beaucoup plus de la personnalité du malade que de l'entité morbide dont il porte l'étiquette.

Nous dirons seulement que la tuberculose miliaire aiguë sous toutes ses formes, la tuberculose à forme pneumonique en période d'activité, les porteurs de lésions tuberculeuses avancées du larynx sont absolument exclus d'Hammam-R'Irha.

De même certains asthmatiques nerveux, l'angine de poitrine, l'artério-scériose avancée, l'aortite, les cachexies prononcées.

CONCLUSIONS

Grâce à son altitude, à sa proximité de la mer, au voisinage d'immenses forêts de pins, à sa situation dans un pays non peuplé, la station d'Hammam-R'Irha jouit d'un climat toni-sédatif excessivement salubre.

La température d'hiver y est égale et très élevée, l'air y est calme, sec, suroxygéné, d'une pureté absolue, complètement privée de poussière. L'exposition de la station lui assure une insolation continue.

Un tel climat agit fortement sur l'organisme en activant les échanges nutritifs. Il donne des résultats thérapeutiques remarquables chez les ralentis de la nutrition, dans les maladies des voies aériennes et en général chez les neurasthéniques, les débilités, les surmenés et chez tous les convalescents.

LES EAUX CHAUDES D'HAMMAM-R'IRHA

EAUX SULFATÉES CALCIQUES

HYPERTHERMALES

Accessoirement Chlorurées et Bicarbonatées

CHAPITRE Ier

Les Sources Thermales

Les eaux chaudes jaillissent entre 505 mètres et 575 mètres d'altitude. Les points d'émergence sont très nombreux et toutes les sources ne sont point utilisées. Leur thermalité varie de 20° jusqu'à 72°. Comme elles présentent toutes une composition sensiblement identique, nous nous contenterons d'étudier plus particulièrement les sources n° 1 et n° 2 qui alimentent en grande partie l'établissement.

Elles jaillissent toutes deux derrière le Grand Hôtel. Toutes deux ont été captées à l'époque romaine et l'on n'a fait que nettoyer le captage antique.

La source n° 1 jaillit directement du rocher à une altitude élevée, aussi est-elle réservée pour le service des douches et des salles de bains auxquelles elle arrive par une canalisation souterraine. Elle y fournit exclusivement l'eau chaude. L'eau froide provient d'une source accessoire de thermalité assez faible dont on laisse refroidir l'eau dans un grand réservoir couvert, accolé au réservoir d'eau chaude. Le débit de la source n° 1 est de 44.560 litres par 24 heures.

La source n° 2 encore appelée source romaine est celle dont la thermalité est la plus élevée et le débit le plus considérable ; elle débite en effet 216.000 litres par 24 heures, elle se signale de loin par les vapeurs qu'elle émet, elle sourd du fond du bassin de captage, d'où l'eau s'élève en bouillonnant et en laissant échapper de grosses bulles gazeuses. Une distribution d'eau divise le débit en 3 parties. L'une s'en va alimenter les quatre piscines des bains maures. Une autre va pendant l'été alimenter les deux piscines de l'hôtel Bellevue. La troisième partie après avoir circulé dans de gros tuyaux en cuivre rouge et contribué aux chauffages des salles de bains va se déverser dans les piscines du Grand Hôtel. Ces piscines reçoivent en outre une autre source captée dans le sous-sol même qui arrive directement dans la piscine un peu au-dessous de la surface.

L'eau thermale est limpide, inodore et de saveur un peu fade, sa densité est un peu supérieure à celle de l'eau distillée. Sa réaction est très faiblement alcaline. Elle laisse dans les tuyaux de très abondants dépôts de carbonate de chaux et de fer. Ces dépôts se font également sur le fond des piscines L'abondance en est telle que l'on est souvent ogbligé de revoir les canalisations afin d'assurer leur perméabilité.

Analyses. — Les analyses des sources n° 1 et 2, ont été faites par les laboratoires de l'hôpital du Dey et du service des Mines. En voici les résultats :

PRINCIPES contenus par litre	SOURCES			
	N° 1		N° 2	
	Dey	Mines	Dey	Mines
Température	45°2	45°	67°2	65°
Acide carbonique..	0.198	0.178	0.198	0.304
— sulfurique	0.889	0.890	0.927	0.904
— silicique.	0.031	0.008	0.025	0.006
Chlore....................	0.311	0.311	0.329	0.322
Potasse...................	0.058	»	traces	»
Soude....................	0.276	0.204	0.352	0.474
Chaux....................	0.655	0.678	0.677	0.498
Magnésie	0.074	0.080	0.051	0.116
Peroxyde de Fer	traces	»	0.001	0.936
Alumine..................	0.002	»	0.009	»

Ce sont donc des eaux sulfatées calciques hyperthermales, accessoirement chlorurées et bicarbonatées. Elles ne sont pas du tout sulfurées ainsi qu'on l'a quelquefois prétendu à tort.

CHAPITRE II

Mode d'emploi des Eaux. — Cure Thermale

Ce qui constitue la pratique essentielle de la cure thermale d'Hammam-R'Irha, ce qui lui imprime son cachet spécial, c'est le *bain de piscine en eau minéralisée naissante et courante, suivi de sudation.*

On prend le bain soit le matin, soit dans le cours de l'après-midi. Le malade qui arrive dans la salle des piscines y trouve deux énormes bassins dont la température de l'un (piscine n° 1) est de 36° centigrades, celle de l'autre (piscine n° 2) est de 42°. Chaque piscine mesure 10 mètres de long, 5 mètres de large et 1 m. 10 de profondeur.

L'eau thermale arrive directement des griffons dans la piscine n° 2. Deux sources l'alimentent. L'une d'elles captée dans le sous-sol même débouche après un trajet très court, à l'une des extrémités du bassin, cinquante centimètres environ au-dessous de la surface. L'autre est une branche de la source romaine. Elle se déverse à l'autre extrémité, et c'est en réglant son débit que l'on maintient la température de la piscine à 42°.

De la piscine n° 2, l'eau thermale se déverse dans la piscine n° 1. Le débit est réglé de telle sorte que la température de celle-ci est

toujours de 36°. Il est difficile de maintenir au même degré thermométrique ces énormes masses d'eau. Chaque piscine contient en effet
environ 50 mètres cubes. Mais les variations qui peuvent se produire
dans certaines parties de la masse sont toujours très faibles et par
conséquent négligeables.

L'eau thermale coulant sans arrêt produit des courants qui bras-
sent la masse entière et la maintiennent à la même température.
Souvent la surface se couvre d'une petite pellicule blanche formée
de chaux. Le carbonate de chaux se dépose sur les parois et sur tous
les objets qui séjournent dans les piscines et les incruste peu à peu.
Il forme très rapidement sur le fond une couche pulvérulente très
sensible au pied.

L'oxyde de fer le colore légèrement en rouge, et souvent lorsque
l'eau arrive en plus grande quantité toute la masse s'en trouve tein-
tée. Des vapeurs s'élèvent perpétuellement de la surface et imprè-
gnent l'atmosphère.

Le malade commence par descendre dans la piscine n° 1. Il y de-
meure suivant son état 10, 15 ou 20 minutes. Il s'asseoit pendant ce
temps sur des bancs de pierre ou des chaises qui se trouvent dans le
bassin. Il importe en effet que l'immersion du corps soit complète
et que l'eau couvre les épaules. Certains aiment à se livrer à la na-
tation pendant la durée du bain, mais si l'on peut permettre cet
exercice dans la piscine à 36°, on doit toujours défendre de le pratiquer dans la piscine à 42° à cause de la grande fatigue qui en résul-
terait pour tout le système circulatoire.

Après être resté le temps nécessaire dans la première piscine le
malade descend ensuite dans la seconde. L'immersion est ici plus
difficile. La première sensation est une véritable sensation de brû-
lure, mais l'accoutumance se fait rapidement surtout si l'on a la sa-
gesse de ne point remuer. La meilleure façon de faire est de s'asseoir
immédiatement dans une chaise de bois et de rester absolument
immobile. Dans ces conditions le bain est facilement supporté. Au
bout de quelques secondes la peau devient très rouge et bientôt
la face se couvre de sueur ruisselante. La durée du bain suivant les
cas est de 1, 2, 3 minutes, il est difficile de le prolonger au-delà de
5 ou de 10 minutes. Les dernières minutes demandent à certains un véritable effort de volonté. Aussitôt sorti du bain le malade
est enveloppé d'un peignoir sec et conduit dans une des salles de
sudation. On le couche sur un lit de massage et on l'enveloppe de
couvertures de laine blanche. La sudation se fait aussitôt excessivement abondante ; afin d'étancher la soif que beaucoup ressentent à
ce moment et de faciliter la sudation, il est d'usage de donner à
boire quelques gorgées de l'eau froide de la source Marcel. La durée de l'enveloppement varie de 15 minutes à une demi-heure suivant les cas. On essuie ensuite dans des linges secs et chauds la
sueur qui ruisselle sur le corps tout entier et l'on pratique une fric-
tion sèche ou alcoolique. Le malade remonte ensuite à sa chambre
et se repose au lit pendant une demi-heure ou une heure.

Tel est le traitement type d'Hammam-R'Irha. Suivant les indications on combine avec lui toutes les différentes pratiques hydrothérapiques. La douche froide ou chaude donnée soit immédiatement
après la piscine, soit après la sudation produit des effets intenses.
Une source thermale (source n° 1) est spécialement affectée au service des douches, elle permet d'atteindre une température de 45°
centigrades, sous une pression de 16 mètres si on le désire. Une
source à thermalité faible refroidie fournit l'eau froide sous la même
pression. Ces deux sources desservent toutes les baignoires des cabi-

nes de bains et tous les appareils de l'établissement hydrothérapique (douches rectales, périnéales, vaginales, en cercle, en pluie, etc.)

Le massage est également un excellent adjuvant de la cure, et on l'emploie presque toujours conjointement avec le bain de piscine dans les différentes manifestations articulaires, musculaires ou nerveuses de la diathèse rhumatismale. L'usage est alors de le pratiquer immédiatement après le bain de piscine aussitôt la sudation terminée. A ce moment les ligaments articulaires et les muscles se trouvent en état de flaccidité absolue et le massage en est rendu beaucoup plus efficace.

Pour les personnes qui ne peuvent supporter la température des piscines et les réactions qu'elles produisent, on utilise le bain de baignoire à température variable au moyen de l'eau de la source nº 1.

Durée de la cure.— La durée de la cure thermale est de 21 jours environ. Ce chiffre naturellement ne saurait rien avoir de précis, tout dépend des lésions soumises au traitement et de la tolérance des organes. Mais l'on peut le considérer comme une moyenne représentant à peu près le temps nécessaire pour obtenir des eaux un effet décisif.

CHAPITRE III

Action Physiologique des Eaux

La cure balnéaire d'Hammam-R'Irha détermine un *effet toni-sédatif*. Voici ce qui se passe en général au cours de cette cure.

Après les deux ou trois premiers bains, le malade ressent un sentiment de réconfort, de force, de mieux être et un apaisement marqué des symptômes habituels.

Puis survient d'ordinaire du 5ᵐᵉ au 8ᵐᵉ jour la *poussée thermale*. Certains se plaignent alors de maux de tête, de courbature, d'une grande lassitude physique et morale. Ils ont de l'agitation nocturne, des insomnies, des crises de tristesse. L'appétit diminue, on trouve quelquefois des signes d'embarras gastrique, de la sensibilité et du ballonnement du ventre, des alternatives de constipation et de diarrhée. Les urines sont troubles, peu abondantes et laissent au fond du vase un dépôt rouge formé d'urates et d'acide urique.

La peau est parfois le siège de sensations de cuissons et de démangeaisons. On constate en même temps une exaspération de toutes les douleurs actuelles et quelquefois un réveil des anciennes.

Cette poussée ou *fièvre thermale* est plus ou moins marquée suivant les individus. Chez quelques-uns elle passe presque complètement inaperçue, chez d'autres au contraire elle nécessite un repos de quelques jours avant de reprendre le traitement; mais elle n'offre jamais rien de grave, elle ne fait que montrer l'impressionabilité de l'organisme.

Le calme revient bientôt et d'ordinaire après le 10ᵉ ou 12ᵉ jour l'excitation a complètement disparu pour faire place à un effet toni-sédatif évident.

Les mêmes phénomènes d'excitation peuvent reparaître à la fin de la cure. Ils sont toujours beaucoup moins marqués ils indiquent alors la saturation de l'organisme.

Certaines personnes ont aussi une crise post-thermale qui apparaît dans les premières semaines qui suivent la cure. Cette poussée est rare et elle est toujours moins forte que les précédentes.

Ce qu'il faut retenir c'est que dans son ensemble la cure balnéaire thermale produit un effet toni-sédatif persistant longtemps.

Nous allons maintenant passer en revue l'action de l'eau thermale sur différents appareils organiques.

1° Action sur le système circulatoire.— Le bain produit un effet intense sur les nerfs vaso-moteurs. Tout d'abord sous l'influence du brusque changement de température, les capillaires périphériques se contractent brusquement donnant à certains baigneurs une sensation de froid et un frisson bref. Cette impression ne dure pas et bientôt sous l'action de la chaleur les capillaires se dilatent largement. La peau rougit et la sudation apparaît abondante. L'énergie cardiaque se relève et le pouls devient plus rapide, le nombre de pulsations augmente de 15 ou 20 pendant la durée du bain. Cette rapidité du pouls ne dure pas et dès que la sudation s'effectue le nombre des pulsations diminue. Le pouls reste toujours régulier et bien rythmé. En fin de compte on constate un *abaissement très marqué de la pression artérielle*.

La circulation lymphatique est également modifiée. Le ralentissement de la circulation capillaire favorise l'arrivée des leucocytes au niveau des parties malades. Le sang étant attiré à la périphérie, il y a toujours décongestion marquée des organes hyperhémiés.

Certaines personnes nerveuses se plaignent quelquefois pendant le bain d'un peu de congestion de la face et de légère sensation ébrieuse. Il suffit pour les en prémunir de couvrir la tête avec une compresse humide.

2° Action sur le système nerveux. — Le traitement thermal produit *un effet toni-sédatif*.

On peut varier cet effet à l'infini en variant le mode d'administration des eaux. Suivant les différentes affections, le médecin jugera s'il est utile de produire un effet sédatif, tonique ou excitant. Il y arrivera facilement en choisissant la piscine et en variant la durée des bains. L'hydrothérapie auxiliaire et le massage permettront d'obtenir tous les effets possibles.

3° Action sur la peau.— La peau est le siège d'une élimination très active. L'activité des glandes sudoripares est accrue dans de grandes proportions. Les quantités de sueur éliminées peuvent aller de 500 à 1000 grammes et plus. Quelquefois les sueurs répandent une forte odeur urique et colorent le linge. On constate parfois quelques rougeurs et quelques démangeaisons, mais ces phénomènes disparaissent vite.

Le bain thermal décape la peau et la débarrasse des graisses. Certains téguments se trouvent parfois un peu désséchés. Il suffit dans ce cas de pratiquer après le bain une onction légère avec un corps gras.

4° Action sur le rein. — Au début la sécrétion urinaire se trouve augmentée. Mais lorsque la sudation devient très active, les urines deviennent plus rares, plus chargées de matériaux solides. Il faut toujours recommander au malade de boire suffisamment pendant tout le traitement thermal de façon que la quantité d'urine reste toujours suffisante. Sans quoi il se trouverait exposé à des congestions rénales, douleurs lombaires, hématurie, etc...

5° Action sur la nutrition.— La cure thermale exerce sur la nutrition une action profonde. L'analyse des urines au cours de la saison révèle de grandes modifications dans les échanges organiques.

Voici ce que l'on constate en général :

Augmentation de la densité de l'urine correspondant à une élévation de la quantité des matériaux dissous.

Augmentation considérable de l'élimination de l'acide urique. Les quantités d'acide urique constatées dans les urines augmentent énormément au début de la cure pour diminuer ensuite.

Augmentation très marquée de la quantité d'urée éliminée.

Diminution de l'élimination des phosphates.

Elévation de coefficient de déminéralisation.

Augmentation des sédiments uriques au début de la cure. Diminution à la fin. Ces sédiments sont composés d'acide urique cristallisé en rosettes épaisses et d'urates.

CHAPITRE IV

APPLICATIONS THÉRAPEUTIQUE DES EAUX MINÉRALES

On a souvent comparé Hammam-R'Irha à Aix-les-Bains. Cette comparaison est absolument légitime, car bien que les eaux et les pratiques balnéaires soient différentes les indications thérapeutiques des deux stations sont exactement les mêmes. Nous allons les passer en revue :

1° Rhumatisme chronique

Le rhumatisme chronique quel que soit son siège (articulaire, musculaire, nerveux ou viscéral), constitue la principale indication d'une cure à Hammam-R'Irha.

Les eaux paraissent avoir une double action d'abord en modifiant profondément la diathèse arthritique, ensuite en agissant localement sur les lésions constituées.

Rhumatisme articulaire.— C'est là le cas le plus fréquent. Après une ou plusieurs attaques, les malades restent atteints d'arthrite chronique, déterminant de la gêne, des douleurs , de la raideur ou de l'ankylose, suivant les différents cas.

Le traitement thermal donne alors de brillants résultats , la piscine chaude, combinée au massage ou à la douche, amène rapidement la disparition des douleurs. Les épaississements péri-articulaires diminuent ou disparaissent et les fonctions de l'articulation s'améliorent progressivement. Il en est de même dans la *polyarthrite déformante* prise au début.

Rhumatisme musculaire.— Le rhumatisme musculaire siégeant dans les muscles de la nuque (torticolis), du dos (lombago), des épaules, des cuisses, peut amener à la longue l'atrophie des masses musculaires.

Ce rhumatisme est toujours amélioré par l'usage des eaux, et il est fréquent de voir des personnes incapables de marcher lors de leur arrivée à la station pouvoir faire en fin de cure des courses assez longues.

Rhumatisme névralgique.— Les douleurs rhumatismales sont constamment améliorées. Ellres présentent souvent au début du traitement une exaspération passagère, mais cette exaspération ne dure pas, et l'on assiste bientôt à leur diminution progressive.

Sciatique.— Je dois dire un mot de la sciatique qui constitue une indication formelle de la cure d'Hammam-R'Ihra. La sciatique névralgique et même la sciatique névritique donnent des succès fréquents. Le traitement consiste dans le bain de piscine chaude supporté aussi longtemps que possible, immédiatement suivi de douches d'eau thermale et de massage. Les atrophies musculaires consécutives à la sciatique donnent de brillants résultats. Sous l'influence du traitement les masses musculaires retrouvent leur contractibilité et leur tonicité primitive.

Le traitement est le même et donne le même succès dans les *névralgies intercostales et brachiales* et en général dans toute les paralysies et paraplégies d'origine rhumatismale.

2º Rhumatisme infectieux. — Rhumatisme articulaire aigu.
Faux Rhumatismes.

Les gênes, raideurs, ankyloses partielles ou totales qui suivent ces affections ainsi que celles qui suivent les angines sont toujours améliorées par le traitement. On obtient également de très beaux résultats dans les suites du *rhumatisme blennorrhagique*.

3º Goutte chronique

Le traitement thermal doit être manié chez le goutteux avec beaucoup de précautions suivant l'âge du malade et la gravité des lésions. Il doit toujours être suivi de très près. Beaucoup de goutteux se trouvent améliorés par le traitement thermal, les accès devenant plus rares et plus bénins.

La goutte articulaire constituant ce que l'on a appelé le *rhumatisme goutteux* avec empâtements et raideurs des articulations est une indication très nette de la cure d'Hammam-R'Irha. Le traitement thermal donne dans ces cas de goutte articulaire de magnifiques résultats.

4º Affections médicales ou chirurgicales des membres

Nous allons étudier ici dans une vue d'ensemble quelles sont les affections articulaires, osseuses, musculaires ou nerveuses périphériques qui sont justiciables de la cure d'Hammam-R'Ihra.

Arthrites.— Toutes les arthrites sont améliorées par le traitement thermal à condition qu'elles ne soient pas en état aigu. Nous avons vu que les arthrites rhumatismales et goutteuses sont très améliorées, il en sera de même des arthrites blennorrhagiques.

Dans l'*arthrite sèche* les résultats obtenus sont très brillants. Sous l'influence du traitement on voit rapidement les douleurs disparaître, les craquements diminuer et l'activité fonctionnelle de l'article revenir peu à peu. Nous avons pour notre part obtenu des résultats inespérés dans certaines ostéo-arthrites du genou et de l'épaule.

Les *nodosités de Heberden* sont également très améliorées.

Quant aux *raideurs articulaires suite de luxations, de fracture,*

LE PARC D'HAMMAM-R'IRHA

(Cliché Geiser)

d'entorse, d'immobilisation trop prolongée elles sont toujours très rapidement améliorées ou guéries et donnent les plus brillants résultats. Les épanchéments lorsqu'ils existent se résorbent rapidement, l'empâtement des tissus diminue, le gonflement et les douleurs disparaissent et le membre retrouve ses fonctions.

Hydarthroses. — Les hydarthroses traumatiques sont très rapidement guéries. Tous les médecins de l'hôpital militaire ont constaté dans ce cas les bons effets du traitement thermal. Le liquide se résorbe et le membre reprend sa force et ses fonctions dès la fin de la saison. Certains ont prétendu que l'action des eaux amenait une amélioration plutôt fonctionnelle qu'organique. Il semble bien cependant qu'il y eut restauration organique réelle des tissus lésés.

Entorse. — Les entorses anciennes compliquées de faiblesse des ligaments et des muscles qui sont relâchés, avec douleur et raideur des mouvements articulaires, sont constamment améliorées. Dans ces cas le meilleur traitement consiste dans le bain de piscine accompagné de massage et de mobilisation. Des lésions même anciennes peuvent être ainsi améliorées.

Synovites tendineuses simples et Atrophie musculaire

Toutes ces affections qui surviennent comme complications des fractures, des luxations, des opérations, sont très heureusement influencées par le traitement thermal. Il en est de même des atrophies musculaires résultant de repos trop prolongé.

Névrites périphériques. — Quelle que soit leur origine, les névrites sont améliorées par le traitement quand même elles s'accompagnent d'amyotrophie, de troubles trophiques cutanés, retractions fibro-tendineuses, etc... Les névrites alccooliques donnent de beaux résultats. Il faut traiter les névrites aussitôt que les douleurs le permettent.

Lésions osseuses. — Le traitement thermal a une très heureuse influence sur les cals vicieux et douloureux. Les périostites, les séquestres, les fistules, plaies par arme à feu, etc...

Troubles circulatoires périphériques. — La stase capillaire, l'état cyamique des extrémités, le froid habituel aux pieds et aux mains si commun chez les arthritiques, les varicosités légères des cuisses, etc..., sont très améliorées par le bain.

Dans toutes les affections des membres, arthrites, synovites, atrophies musculaires, le bain de piscine présente cette grande supériorité de permettre au malade de faire les exercices nécessaires de mobilisation articulaire et de contraction musculaire pendant la durée du bain.

5° Affections gynécologiques

Depuis les temps les plus reculés, les eaux d'Hammam-R'Irha ont toujours été considérées comme le meilleur remède contre la stérilité. Maintenant encore les bains maures sont remplis de femmes arabes qui viennent demander aux eaux la fécondité. Cette croyance fondée sur l'expérience s'explique facilement si l'on constate l'effet curatif de l'eau sur nombre d'affections gynécologiques.

Le traitement thermal agit très activement sur les troubles de la circulation pelvienne qui provoquent la congestion des organes génitaux et donnent ces *sensations de pesanteur*, ces *douleurs pelviennes et abdominales*. Son action décongestionnante amène la disparition de ces symptômes. Elle est surtout évidente dans les *règles douloureuses* (aménorrhée, dysménorrhée), sous son influence le flux se régularise et les douleurs disparaissent.

L'eau thermale agit également sur les tissus de sclérose, sur les adhérences dont elle amène la résorption, et se montre ainsi efficace dans les *para* et les *périmétrites* et dans tous les déplacements utérins. Elle agit enfin sur les exsudats en décongestionnant les muqueuses et donne de bons résultats dans les *métrites*. C'est surtout dans les *métrites chroniques* avec gros utérus mou, congestionné, douloureux, que l'action de l'eau est la plus marquée.

Il ne faut pas oublier que ces troubles gynécologiques surviennent souvent chez des arthritiques et paraissent alors liés à la diathèse arthritique. Dans ces cas l'action de l'eau est double elle agit d'abord directement sur les lésions, elle intervient ensuite en modifiant le terrain arthritique.

Tel est par exemple le cas dans les manifestations de la *goutte utérine*.

Le traitement thermal donne d'excellents résultats dans les *troubles de la ménopause* ; son action décongestionnante fait disparaître les troubles circulatoires, bouffées de chaleur, congestions viscérales, etc., il calme également le système nerveux souvent excitable à ce moment. Enfin en augmentant l'activité des émonctoires (rein, peau, foie) il libère l'organisme de tous les toxines et poisons organiques qui l'encombrent d'ordinaire à cette époque de la vie.

6° Système nerveux

Nous avons parlé plus haut du traitement balnéaire des affections nerveuses périphériques. L'eau thermale se montre également efficace dans certaines affections du système nerveux central. Ainsi dans la *neurasthénie*, surtout lorsqu'elle est d'origine arthritique, l'action antidiathésique de l'eau se combine alors à son action toni-sédative. Elle donne également d'excellents résultats chez les *neurasthéniques*, anémiés et débilités : le coup de fouet donné à la nutrition relève rapidement l'état général et l'on ne tarde pas à voir les symptômes nerveux s'améliorer. Il en est de même dans l'*hystérie*.

Chez les nerveux l'eau doit être donnée avec précaution. Suivant que l'on veut produire des effets calmants, excitants ou toniques, on emploie les bains de piscine tiède ou chaude ou l'hydrothérapie accessoire. Il faut surtout surveiller de très près la phase d'excitation qui se produit au début de l'usage des eaux et la modérer afin d'éviter la période de dépression qui arriverait peu après. L'indication primordiale est de calmer le système nerveux avant d'essayer de le tonifier. On y arrive facilement, car l'eau thermale est un instrument très souple dont on peut facilement varier les effets.

7° Dermatoses. — Ulcères

Les dermatoses ayant à leur racine le nervosisme ou l'arthritisme sont éminemment justiciables du traitement d'Hammam-R'Irha, Outre son action sur l'état général arthritique ou nerveux, l'eau agit directement sur les lésions. Elle décape la peau, la décongestionne et réveille la vitalité des tissus.

Son influence est très marquée dans l'*eczéma*. On voit souvent les poussées s'arrêter et les lésions se guérir rapidement en dehors de tout traitement médicamenteux et de tout régime. Les résultats sont particulièrement brillants dans l'*eczéma séborrhéique* des plis articulaires et dans certaines formes d'eczéma palmaire et plantaire. Naturellement l'eczéma aigu est une contre-indication très nette du traitement balnéaire.

Le *psoriasis*, l'*ichtyose* sont également guéris ou du moins très améliorés. Enfin les dermatoses irritables, prurigineuses, les *prurits* sans lésions appréciables bénéficient du traitement thermal. Sous l'influence du bain qui réveille l'activité cutanée et débarrasse la peau des déchets qui l'empoisonnent, on voit les démangeaisons diminuer et souvent disparaître complètement.

L'eau chaude se montre également très efficace dans les vieux ulcères et dans les plaies atones sans tendance de guérison. Dans ce cas ce n'est plus le bain de piscine que l'on emploie, mais l'eau thermale en applications locales aussi chaude que le malade peut la supporter.

8° Paludisme

Dès le début de l'utilisation des sources on a employé le bain de piscine pour combattre l'*anémie palustre*. Les résultats obtenus ont été excellents ainsi que dans les *anémies* d'autre nature et dans la *chlorose*.

Les Arabes emploient le traitement thermal en dehors de tout traitement médicamenteux spécifique dans les manifestations de la syphilis. La balnéation paraît leur donner des résultats appréciables dans les lésions cutanées et osseuses si fréquents chez eux.

L'eau thermale en activant le fonctionnement des émonctoires permet un traitement médicamenteux spécifique plus intense. Employée dans le tabes au début, elle paraît agir sur les douleurs qu'elle apaise.

CONTRE-INDICATIONS DE LA CURE THERMALE

Certaines contre-indications sont communes à toutes les stations thermales. De ce nombre sont les *états cachectiques* quelle qu'en soit la cause déterminante (cancer, tuberculose, etc.) et les *états aigus* de toutes les maladies.

Nous avons vu que le traitement thermal diminue la tension artérielle, certains cardiophates et artérioscléreux profiteront donc du traitement d'Hammam-R'Irha, et ces affections ne constituent pas une contre-indication ; mais la cardio-sclérose avancée avec dégénérescence du myocarde, l'angine de poitrine vraie, et toutes les maladies de cœur à la période d'asystolie constituent des contre-indications formelles.

Il en sera de même de la tuberculose pulmonaire sous toutes ses formes (articulaire ou viscérale).

Le mal de Bright , le diabète à un état avancé constituent également des contre-indications.

Pour commencer la cure chez le rhumatisant, on doit toujours attendre la fin de la période fébrile du rhumatisme aigu.

L'asthme, l'emphysème, la bronchite chronique nécessitent simplement un peu de surveillance au cours de la cure.

Les fibromes utérins hémorrhagiques, les abcès des annexes constituent des contre-indications formelles.

CONCLUSIONS

Hammam-R'Irha possède des eaux hyperthermales sulfatées calciques, accessoirement chlorurées et bicarbonatées. La pratique essentielle de la cure thermale est le bain de piscine en eau minéralisée naissante et courante suivi de sudation.

Cette cure augmente l'activité des émonctoires, abaisse la pression artérielle, active les échanges organiques, et exerce sur le système nerveux un effet toni-sédatif évident.

Elle donne des résultats thérapeutiques remarquables dans les affections médicales et chirurgicales des membres (arthrites sèches, hydarthrose, entorse, atrophies musculaires, synovies, névralgies et névrites). Elle agit tout spécialement dans le rhumatisme chronique et dans la goutte.

L'eau thermale se montre également efficace dans certains troubles gynécologiques (congestions utérines, métrites, troubles de la ménopause). Son action toni-sédative la rend précieuse dans certaines névroses (neurasthénie, hystérie). Enfin elle modifie heureusement certaines dermatoses (eczéma, psoriasis, ichtyose).

LES EAUX FROIDES D'HAMMAM-R'IRHA

SOURCES GAZEUSES SULFATÉES CALCIQUES

INTRODUCTION

Consacrées par un usage deux fois millénaire, auréolées des souvenirs romains qui les entourent, les eaux chaudes d'Hammam-R'Irha ont jusqu'à ce jour détourné l'attention des sources froides gazeuses sulfatées calciques qui jaillissent dans leur voisinage. Ces sources froides cependant présentent des propriétés thérapeutiques remarquables. Bien des villes d'eaux d'Europe et pour ne citer ici que des stations françaises, Contrexéville, Martigny, Vittel entre beaucoup d'autres, doivent leur réputation mondiale à l'exploitation de sources froides sulfatées calciques semblables à celles qu'Hammam-R'Irha a quelque peu négligées jusqu'ici.

Et pourtant les eaux froides de la station algérienne ont déjà tout un passé médical plus long que celui de bien des stations d'Europe.

Reconnues dès 1846, elles ont toujours été associées au traitement thermal sous la forme de cure de boisson. Les médecins qui ont successivement dirigé soit l'établissement thermal , soit l'hopital militaire, se sont accordés à reconnaître leur valeur comme médicament antiarthritique. Le docteur Lauder Brunton, médecin du Saint Bartholomew Hospital, qui avait eu l'occasion de les étudier, les comparait aux eaux de Wildungen et de Contrexéville et conseillait leur emploi dans la lithiase rénale ou biliaire. Dès les premiers temps de leur utilisation leur influence sur l'hépatite chronique et les affections du foie en général fut démontrée par des cures nombreuses. Grâce au fer qu'elles contiennent elles ont été prescrites avec succès dans la chlorose et l'anémie. Enfin on a toujours reconnu leurs précieuses qualités apéritives et digestives et leur influence efficace sur certains troubles dyspeptiques.

Leurs principales propriétés sont ainsi connues et utilisées depuis longtemps, nombre de faits cliniques ont mis en relief leur incontestable efficacité Et cependant ces eaux n'ont pas eu la fortune qu'elles méritent. Considérées par tous comme un excellent adjuvant du traitement thermal, l'on ne s'est pas toujours rendu compte de la part qui leur revenait dans les résultats obtenus. Ce qui a fait défaut jusqu'ici c'est une étude méthodique permettant de connaître exactement leur action, de fixer leur posologie et de préciser leurs indications. C'est cette lacune que nous voudrions essayer de combler en partie afin d'attirer sur elles l'attention des malades et du corps médical.

De constitution chimique analogue à celle des eaux froides sulfatées calciques du bassin vosgien français (Contrexéville, Martigny, Vittel), elles produisent les mêmes effets thérapeutiques et méritent de prendre place à côté d'elles dans la médication antiarthritique.

Elles présentent sur celles-ci cet immense avantage d'être situées dans une région que l'hiver n'atteint pas. Tandis que les stations Européennes sont ensevelies sous la neige, que leurs eaux se glacent aux vasques de leurs bassins, les sources d'Hammam-R'Irha s'épandent au milieu des fleurs et des frondaisons toujours vertes. C'est là que l'arthritique qui a fait sa cure d'été à Contrexéville, Martigny, Vittel ou dans les stations analogues, doit venir faire la cure d'hiver qui lui serait profitable et qui n'est possible que là. Il y trouvera non seulement une eau semblable à celle qu'il allait chercher dans les Vosges, mais encore des eaux chaudes analogues à celles de Plombières et d'Aix-les-Bains, mais surtout un climat merveilleux, car Hammam-R'Irha possède cette rare et triple fortune d'un climat d'hiver tempéré, d'eaux chaudes, et d'eaux froides souveraines contre l'arthritisme.

CHAPITRE PREMIER

Historique

Les sources froides gazeuses sulfatées calciques jaillissent à 1.500 mètres environ de l'établissement thermal, à l'entrée du petit village d'Hammam-R'Irha. Elles sont au nombre de deux et sont connues sous les noms respectifs, l'une de Fontaine du Pavillon, ou Source de l'Etat, l'autre de Source Allan ou Source Marcel. La première appartient à l'Etat et sert à l'usage de l'hôpital militaire, la deuxième appartient au Crédit Foncier d'Algérie et de Tunisie qui la réserve à l'usage de l'établissement thermal dont il est également possesseur.

La Source de l'Etat fut reconnue en 1846 par M. Panier, chargé du service médical de l'hôpital thermal militaire que l'on venait de fonder. Il en fit faire l'analyse et comprit l'importance de la découverte. La source fut captée, un périmètre de protection fut délimité. Peu de temps après l'autorité militaire édifia le petit kiosque octogonal au milieu duquel la source jaillit encore aujourd'hui. L'accès en était libre, mais, afin de prévenir toute dégradation, un poste militaire y exerçait une surveillance permanente. On usait de l'eau à l'hôpital militaire où l'on complétait la cure balnéaire thermale par l'ingestion de l'eau gazeuse. On ne tarda pas à reconnaître son influence sur les maladies du foie si communes dans les premiers temps de la conquête de l'Algérie. Plus tard lorsque fut construit l'établissement thermal civil on suivit la voie tracée par les médecins militaires et il fut d'un usage constant de boire cette eau soit à jeun, soit au moment des repas pendant tout le temps du traitement thermal sans toutefois observer de posologie précise.

En 1890, un propriétaire des environs, M. Allan en construisant un bâtiment, mis à jour, au hasard d'un coup de mine, une source gazeuse analogue en tout point à la source de l'Etat. Cette source jaillissant au fond d'une excavation rocheuse fut captée sur place. Elle est située à peu près à 100 mètres de la précédente. Toutes deux viennent au jour sur le flanc d'un coteau très abrupt un peu au-dessous du rebord d'un petit plateau. M. Allan fit faire une analyse qui montra la similitude de sa source avec celle de l'Etat et, le 24 juillet 1894, elle fut approuvée par l'Académie de Médecine. Quelques années après la propriété passa aux mains du Crédit Foncier d'Algérie et de Tunisie. Déjà possesseur des sources thermales et de l'établissement voisin, celui-ci réserva la source froide à son usage particulier.

Source Marcel. — Cette source a été captée sur place dans l'excavation rocheuse irrégulière où elle a été découverte et qui mesure environ deux à trois mètres de diamètre. L'eau vient du fond de cette excavation, elle ne jaillit pas au dehors et l'on est obligé de la puiser, mais il serait facile de provoquer le jaillissement si on le désirait la source étant située au sommet d'un coteau très abrupt. Du fond du bassin s'élèvent sans cesse de grosses bulles de gaz acide carbonique qui viennent crever à la surface. Ces bulles sont plus ou moins nombreuses suivant l'état de la pression atmosphérique. Elles forment au-dessus de la nappe une couche d'acide carbonique qui éteint toute lumière qu'on en approche. A sa sortie l'eau est froide, environ 19° centigrades. Cette température varie peu. Sa densité est très légèrement supérieure à celle de l'eau distillée, sa réaction est neutre, elle n'a aucune action sur la teinture de tournesol. D'une limpidité parfaite lorsqu'on la puise à la source, elle laisse déposer quelques particules rouges de sesquioxyde de fer insoluble sur les parois des bouteilles. La limpidité reste constante, même après des pluies abondantes. Elle ne contient aucun germe pathogène : elle présente tout d'abord une très légère saveur styptique due au fer qu'elle contient. Cette saveur disparaît au bout d'un temps très court ne laissant persister que la saveur très nettement acidulée due à la présence de l'acide carbonique libre. Cette saveur acidulée en fait une eau de table légère et tout particulièrement agréable. Elle se mêle au reste parfaitement au vin qu'elle ne trouble pas.

Sa constitution est la suivante :

Analyse de M. Pouyanne, Ingénieur en chef des Mines du département d'Alger et reconnue conforme par l'Académie de Médecine.

Pour un litre :

Acide carbonique libre	1 gr.	236
Bicarbonate de fer	0	025
— de soude	0	835
— de magnésie	0	190
Sulfate de magnésie	0	080
— de chaux	1	466
Chlorure de calcium	0	519
Alumine	0	073
Silice	0	021
Pertes	0	090
Total	3 gr.	345

Source de l'Etat. — Cette source jaillit à 100 mètres à peine de la source Marcel, dans la vasque située au centre d'un pavillon octogone, construit par le génie peu après sa découverte. Un conduit extérieur est laissé à la disposition des habitants. Le captage de cette source a été fait à flanc de coteau sur le bord d'un chemin à une dizaine de mètres de là. Sa température varie aux environs de 48°, son débit est d'environ 10,080 litres par 24 heures. Il paraît influencé par les pluies, mais l'eau reste limpide. Elle présente les mêmes qualités physiques et chimiques que la source Marcel qui lui est identique. On se sert de l'eau de cette source dans les hôtels de l'Etablissement thermal.

Analyse de la Source de l'Etat par M. Morin, pharmacien militaire.

Pour un litre d'eau :

Acide carbonique libre	0 gr.	8820
Bi-carbonate de chaux	0	9411
— de magnésie	0	0314
— de strontiane		indices
— de manganèse	0	0008
— de peroxyde de fer	0	0100
Sulfate de chaux	0	5438
— de magnésie	0	1623
— de soude	0	3425
Chlorure de sodium	0	2801
— de potassium		indices
Silicate de soude	0	0240
Alumine	0	0020
Matières organiques azotées		traces légères
Arsenic et acide phosphorique		traces
Total	3 gr.	2200

LES BAINS MAURES

(Cliché Geiser

Grâce à l'obligeance du docteur Armeilla, je puis rapporter ici l'*analyse bactériologique* de la source, pratiquée le 8 mai 1908 ; cette analyse a donné de très bons résultats. L'eau est pure, ne contient ni germes pathogènes, ni germes produisant la liquéfaction putride ou ammoniacale de la gélatine. Elle contient un nombre très peu élevé de germes figurés (100 par cmc.), appartenant à une seule espèce microbienne banale et sporulée (*bacillus mesentericus vulgatus*), en résumé « échantillon d'eau très bonne ».

Les analyses démontrent que les eaux d'Hammam-R'Irha appartiennent à la classe des eaux salines froides, gazeuses, sulfatées, calciques, ferrugineuses, accessoirement sodiques et magnésiennes.

On pourrait également les faire rentrer dans la classe des bicarbonatées sulfatées de Durand-Fardel, dans laquelle on range quelquefois Contrexéville et Vittel, bien que ces sources contiennent à peine des traces d'acide carbonique libre. Quoi qu'il en soit les eaux froides d'Hammam-R'Irha sont de tous points analogues comme composition aux eaux froides sulfatées, calciques du bassin vosgien. Le tableau ci-dessous, dans lequel nous avons groupé les chiffres correspondants aux éléments principaux de la minéralisation, permettra de se rendre compte de cette similitude.

ÉLÉMENTS PRINCIPAUX	Hammam-R'Irha		Contre-xéville	Martigny	Vittel
	Source Marcel	Source de l'Etat	Source du Pavillon	Source n° 1	Grande Source
Acide carbonique libre..........	1.236	0.8820	0.080	traces	faible quant.
Bicarbonate de soude	0.835	»	»	0.0160	0.0510
— de chaux	»	0.9411	0.402	0.1620	0.2025
— de magnésie	0.190	0.0314	0.035	0.1750	0.0737
— de protoxyde de fer.	0.025	0.0100	0.007	0.0090	0.0088
Sulfate de chaux.............	1.466	0.5438	1.165	1.4240	0.6800
— de magnésie...........	0.080	0.1623	0.236	0.3300	0.1824
— de soude............	»	0.3425	0.030	0.2290	0.2461
Chlorure de sodium...........	»	0.2801	0.004	0.0950	0.9030
— de calcium	0.519	»	»	»	»
Silice.....:.............	0.021	»	0.015	»	»
Silicate de soude et de chaux....	»	0.0240	»	0.0561	0.0425
Alumine	0.073	0.0020	traces	traces	0.0420
Chiffre de minéralisation........	3.345	3.2200	2.384	2.6570	1.5230

Je n'entrerai point ici dans la discussion classique qui consiste à disséquer les analyses et à comparer les sources entre elles pour faire ressortir la supériorité de telle ou telle par sa teneur en tel principe. Il est évident que ce qui fait la valeur d'une eau c'est sa minéralisation, mais sa minéralisation totale et non sa teneur spéciale en tel principe particulier. Il faut considérer l'eau minérale non pas comme une solution de divers corps juxtaposés, mais comme un médicament complexe présentant une individualité bien précise et n'ayant fort probablement d'efficacité que par sa complexité même. Au reste, à côté de ce que l'analyse met en lumière, combien de choses plus importantes peut-être laisse-t-elle dans la nuit totale. Ce qui nous intéresse, nous médecins, c'est l'action physiologique de l'eau minérale, ce sont les résultats thérapeutiques produits quand on l'absorbe toute vive au griffon des sources. Le réactif vivant humain se montre, comme toujours, bien plus sensible que tous les réactifs chimiques. Ce sont ses réactions que nous allons maintenant étudier.

Qu'il me soit permis, seulement, de faire remarquer que les eaux d'Hammam-R'Irha, similaires des eaux vosgiennes ayant les mêmes principes en dissolution, présentent sur celles-ci l'avantage de contenir une considérable proportion d'acide carbonique libre, qui leur donne une saveur acidulée agréable et fait que tout estomac les supporte facilement aux plus fortes doses.

CHAPITRE II

Mode d'emploi de l'eau minérale. — Sa posologie

L'eau minérale étant un véritable médicament, il est absolument nécessaire de déterminer avec précision le mode suivant lequel on l'absorbera et les doses auxquelles on l'ingérera. C'est de cette façon seulement qu'il sera possible d'obtenir une action médicamenteuse constante, sur laquelle il soit possible de compter, que l'on puisse prévoir, diriger et doser suivant les besoins des différents cas.

Jusqu'ici, il n'avait point été d'usage dans cette station de suivre de règle bien précise pour l'ingestion de l'eau minérale. On la laissait un peu à la discrétion du malade qui en usait à sa fantaisie au cours de la journée et durant les repas, en lui recommandant seulement d'en boire le matin à jeun.

Désirant employer une méthode plus précise, je me suis contenté d'appliquer ici les règles observées dans les stations vosgiennes. Déterminées par une expérience séculaire, ces règles ont fait leurs preuves. Elles se sont montrées aussi efficaces en Algérie qu'elles le sont en France, et voici le mode d'emploi de l'eau auquel elles nous ont conduits.

L'*unité de mesure* pour l'absorption de l'eau est le *verre*. On doit entendre par là une quantité variant entre 250 grammes et 300 grammes. C'est d'ordinaire la quantité que tout buveur peut facilement ingérer en une seule fois. Mais il est de nombreux cas dans lesquels cette unité se trouve trop forte ; on doit alors prescrire l'eau par demi-verre, quart de verre, etc...

La quantité d'eau jugée nécessaire pour la cure doit être absorbée de préférence, en totalité, le matin à jeun. Elle est ainsi beaucoup mieux tolérée. Dans certains cas particuliers, il peut y avoir intérêt à faire prendre l'eau à petites doses durant tout le cours de la journée. Mais on peut considérer la cure du matin comme la règle générale. Après cela le malade doit laisser son estomac se reposer pendant le reste de la journée et ne plus ingérer d'eau de façon systématique. Il est d'usage de laisser l'eau minérale à sa disposition pendant les repas, ou encore en dehors des repas, lorsqu'il se sent altéré. Il n'y a aucun inconvénient à cette pratique sauf dans le cas d'intolérance gastrique. Si la cure matinale est difficilement supportée, il faut alors supprimer complètement l'usage de l'eau minérale pendant le reste de la journée et prescrire aux repas et en dehors une eau naturelle aussi peu chargée que possible en principes minéraux.

Chaque verre doit être absorbé par gorgées.

La quantité d'eau à ingérer doit être prise par verres espacés. L'espace à mettre entre chacun d'eux varie naturellement suivant la contenance des verres et suivant l'état des organes. Il sera d'ordinaire de 15, 20 ou 30 minutes en observant toujours cette règle qu'il doit s'écouler de 1 heure à 1 heure et demie entre le dernier verre et le déjeuner.

L'eau doit être bue telle qu'elle arrive de la source. A Hammam-R'Irha, l'usage est d'aller tous les matins à la source mettre l'eau en bouteille. Ces bouteilles sont ensuite apportées soigneusement bouchées et couchées à l'établissement et mises à la disposition des buveurs. L'eau arrive ainsi sans aucune altération possible. Un projet d'adduction vient du reste d'être étudié, qui permettra d'ici peu d'amener la source dans l'intérieur de l'établissement. L'eau d'Hammam-R'Irha doit être bue à sa température naturelle et sans être réchauffée. La quantité d'acide carbonique qu'elle contient la rend du reste facilement digeste.

La dose journalière utile varie dans de telles proportions, suivant le malade et la maladie, qu'il est impossible de donner des règles précises. Le médecin doit apprécier les différents cas particuliers. On peut dire néanmoins que la dose maximum ne doit que rarement dépasser 2.000 gr. Dans la plupart des cas, il y a même intérêt à rester au-dessous de cette dose. En général on considérera comme dose maximum celle qui permet d'obtenir chez le malade toutes les réactions physiologiques que l'on doit attendre de l'usage de l'eau minérale. Toute dose supérieure, sauf de très rares indications, ne fait que constituer un surmenage des organes.

Il est toujours très important de bien spécifier la dose que le buveur ne doit pas dépasser, car beaucoup d'entre eux s'efforcent de boire le plus possible. Certains arrivent ainsi à des doses fabuleuses qui n'ont rien de médical et ne font souvent que causer des désordres très graves, quelquefois mortels : indigestion, rétention d'urine, hématurie, congestion cérébrale ou pulmonaire.

On ne peut prescrire d'emblée la dose maximum. D'abord cette dose il faut la déterminer, et le médecin ne peut le faire qu'en augmentant progressivement les quantités à absorber et en observant les réactions qui se produisent. De plus il y a intérêt à entraîner peu à peu l'organisme et spécialement l'estomac à un travail auquel il n'est pas habitué. C'est pourquoi pendant les premiers jours on augmentera peu à peu les doses en moyenne d'un verre par jour. Une fois la dose maximum atteinte, il y a tout intérêt à la maintenir jusqu'à la fin de la cure, sauf les deux ou trois derniers jours, pendant lesquels il faut diminuer le nombre des verres.

Durée de la cure. — L'habitude a prévalu de fixer la durée de cures thermales à 21 jours, c'est la cure moyenne qui correspond souvent à la réalité des cas. Dans certains autres cas, on est obligé soit d'allonger soit de raccourcir cette période. On se basera pour cela : pour la cesser, sur l'apparition de phénomènes d'intolérance ; pour la continuer : sur les réactions indiquant la continuité de l'action thérapeutique sans fatigue appréciable des organes. Pour les personnes qui en ont le temps, la meilleure manière d'agir serait de faire deux cures d'une douzaine de jours séparées par une semaine de repos ; on évite de cette façon, d'abord la fatigue des organes, puis leur accoutumance vis-à-vis du médicament.

Absorbée dans ces conditions, suivant les règles que nous venons de poser, l'eau minérale produit sur l'organisme une action toujours constante, toujours semblable à elle-même, que le médecin traitant peut diriger suivant les effets thérapeutiques qu'il désire produire. Nous allons maintenant étudier cette action.

CHAPITRE III

Action physiologique. — Action de l'eau minérale sur les principaux appareils organiques

1. Action sur l'appareil gastro-intestinal. — En général le malade boit facilement sans répugnance aucune l'eau d'Hammam-R'Irha. L'acide carbonique lui donne une saveur acidulée qui plaît à tous.

La *sécrétion gastrique* se trouve rapidement stimulée et augmentée. Les digestions deviennent plus faciles, plus régulières.

Il peut arriver que dans tous les premiers jours de la cure certains buveurs se plaignent d'un peu de constipation, due, semble-t-il, à l'action légèrement congestive de l'eau au début. Mais cet effet ne dure pas, et dans la grande majorité des cas l'eau produit une *action laxative* très marquée.

L'effet purgatif produit par les eaux d'Hammam-R'Irha présente des caractères bien spéciaux. Il commence d'ordinaire le matin aussitôt après l'ingestion du deuxième ou du troisième verre et cesse complètement une heure environ après l'absorption du dernier verre. Quelques buveurs ont encore une selle dans les 24 heures, mais d'ordinaire une selle normale, sans caractère diarrhéique.

Les selles matinales présentent des caractères spéciaux. Elles sont bilieuses, très fortement colorées en vert sombre. Elles causent souvent au passage une sensation de cuisson et sont chargées d'acide urique.

La purgation quotidienne matinale ne laisse aucune fatigue et est supportée facilement. Elle ne détermine aucune inappétence, au contraire.

La dose laxative varie énormément suivant les personnes. Certains sont en effet très largement purgés avec deux verres, tandis que d'autres qui l'étaient copieusement à dose moyenne, cessent de l'être si l'on augmente la dose.

Action sur le foie. — La sécrétion biliaire se trouve augmentée dans de très grandes proportions, ainsi que le montre la nature des selles, et peut-être faut-il voir dans cette augmentation de la sécrétion du foie la raison du pouvoir laxatif de l'eau.

2. Action sur l'appareil circulatoire. — Le premier effet de l'eau ingérée à dose suffisante est d'accélérer la circulation sanguine et d'augmenter légèrement la pression intravasculaire.

Chez beaucoup de buveurs cette augmentation de pression se traduit non seulement au sphygmomanomètre et par l'augmentation du nombre et de la force des pulsations ; mais elle se traduit encore par des symptômes subjectifs plus ou moins accusés, suivant les malades. Ce sont le plus souvent des sensations ébrieuses : bouffées de chaleur, cercle frontal, lourdeur de tête, légers éblouissements, titubations passagères. Ces symptômes ne présentent du reste aucune gravité et disparaissent d'eux-mêmes aussitôt que le filtre rénal a commencé à fonctionner. Il faut seulement, dans le cas où ils seraient persistants, diminuer un peu les doses ingérées, augmenter l'espace de repos entre chaque verre et observer une progression beaucoup plus lente dans l'administration des doses.

SOURCE ARLES-DUFOUR

(Cliché Geiser)

Néanmoins cette action stimulante de l'eau doit être surveillée de très près, surtout s'il y a quelque lésion du cœur ou des artères. Le médecin doit toujours vérifier minutieusement l'état de ces organes au début de la cure et se montrer très prudent surtout dans le cas d'artério-sclérose marquée.

On note aussi quelquefois au début de la cure une poussée congestive, des hémorrhoïdes, mais celle-ci ne dure pas en général plus de trois ou quatre jours.

A quoi est due cette accélération de la circulation ; ce n'est pas uniquement par son volume que l'eau agit c'est justement pour éviter cet effet que l'on calcule les doses et qu'on les espace. Il semble plutôt qu'elle excite directement la contractibilité des fibres lisses constituant la paroi des vaisseaux sanguins.

3. Action sur l'appareil urinaire. — Quand le rein est sain, l'élimination commence d'ordinaire une demi-heure environ après l'ingestion. La diurèse est excessivement marquée et la sécrétion est accrue dans une proportion supérieure à la quantité d'eau minérale absorbée.

L'eau paraît agir d'abord sur la secrétion rénale, qu'elle augmente et dont elle diminue la toxicité. Elle agit ensuite sur la tunique musculeuse de la vessie et des voies urinaires supérieures et facilite ainsi l'expulsion de l'urine et des sédiments qu'elle peut contenir.

4. Action sur le système nerveux. — En général on ne relève aucune action marquée sur le système nerveux. Cependant il arrive que certains malades accusent au bout de quelques jours une grande lassitude, de la courbature, de l'accablement, une faiblesse généralisée à laquelle on ne peut découvrir aucune cause précise. Certains se plaignent aussi de lourdeurs de tête, d'insomnies, de crampes, de fourmillements. Il ne faut attacher à ces malaises aucune importance ; ils disparaissent d'eux-mêmes très rapidement.

5. Action sur la peau. — La sécrétion des glandes de la peau se trouve augmentée dans de fortes proportions, et il est bon de prescrire quelques bains tièdes alcalins.

Fréquemment il arrive des sueurs acides contenant de l'acide urique en quantité notable. La sudation se produit au moindre exercice, et il y a parfois intérêt à la modérer, car elle peut entraver par son abondance le lavage du rein.

6. Action sur l'utérus. — L'usage de l'eau cause souvent une avance appréciable des époques menstruelles et on doit prévenir les malades de cet effet. Chez certaines, le flux se trouve augmenté dans de notables proportions.

L'arrivée des règles au cours de la cure n'oblige nullement à la cesser, il faut simplement dans quelques cas, rares du reste, diminuer un peu les doses.

7. Action sur la nutrition. — Nous venons d'étudier l'action physiologique de l'eau d'Hammam-R'Irha sur les différents appareils organiques. Les résultats que nous avons constatés, variables suivant la réaction particulière de chaque appareil, ne sont que les symptômes d'une action profonde de l'eau sur la nutrition.

Après avoir fait systématiquement un assez grand nombre d'analyses d'urines, nous avons constaté ce qui suit :

Augmentation de la quantité durée. C'est là un phénomène constant. Cette augmentation peut aller à 2, 3 et 4 grammes au cours de la saison.

Elle est presque toujours accompagnée d'une *diminution de l'a-*

cide urique survenant en fin de cure. La quantité de cet acide augmente d'ordinaire durant le premier septennaire pour aller ensuite en décroissant.

En fin de compte on constate que le rapport *acide urique-urée* tend à se régulariser et à se rapprocher de la normale. Le coefficient d'oxydation se trouve fortement élevé. On sait en effet que l'urée est l'aboutissant normal, soluble, la cendre physiologique des combustions organiques, et que c'est seulement lorsqu'elles se font mal qu'une partie des principes azotés reste à l'état d'acide urique produit mal brûlé, insoluble.

La *densité* de l'urine augmente au début pour diminuer ensuite.

La quantité de *chlorure de sodium* augmente également en général.

Les quantités de *phosphore* éliminées se régularisent et tendent à diminuer chez les neuro-arthritiques où elles présentent d'ordinaire des chiffres élevés. L'acidité urinaire se régularise et diminue en général. Chez les malades atteints de catarrhe de la vessie et présentant des urines alcalines, on constate au contraire un retour rapide à l'acidité normale.

Des résultats mis en lumière par l'analyse urinaire méthodique, on peut conclure à l'impossibilité d'attribuer l'effet de l'eau à une simple action mécanique lixiviante. Cette action existe indéniablement, mais elle n'intervient que comme adjuvant de l'action profonde sur la nutrition.

L'eau minérale agit d'abord en augmentant les combustions organiques, actions qui se traduit par une activité plus grande de toutes les sécrétions glandulaires. Elle agit ensuite comme eau de lavage pour balayer au dehors tous les déchets qu'elle a mis d'abord en liberté.

CHAPITRE IV

Applications thérapeutiques

Nous allons maintenant étudier l'action des eaux froides d'Hammam-R'Irha sur l'organisme malade en passant successivement en revue toutes les maladies qui en sont justiciables.

1. Lithiase urinaire. — Tout lithiasique franchit successivement les trois étapes qui mènent de l'uricémie à la gravelle, et de la gravelle aux calculs. A chacune de ces étapes, il est justiciable de la cure d'Hammam-R'Irha, mais naturellement cette cure sera d'autant plus profitable qu'elle sera prescrite à une période moins avancée de la maladie. Dès que l'on constate dans les urines d'un arthritique la présence habituelle d'un sédiment rouge brique d'urates et d'acide urique se déposant sur le fond du vase, s'accompagnant de fatigue lombaire, d'envies fréquentes d'uriner, de crampes des mollets, d'insomnie, la cure hydro-minérale est formellement indiquée. Si l'on néglige cette indication, les cristaux uriques ensablent les canalicules, se groupent en petits agrégats cimentés par du mucus, et deviennent alors sable, graviers ou calculs, suivant leur grosseur. Leur descente dans la vessie détermine souvent la crise de coliques néphrétiques ; mais parfois des calculs assez gros ne déterminent aucune douleur, ce qui ne les empêche pas de léser le rein et les voies urinaires. A cette période encore, la cure hydro-minérale est formellement indiquée, le graveleux et le petit calculeux pourront obtenir d'elle une guérison complète.

Si le petit calculeux est encore justiciable de la crue d'Hammam-R'Irha, le grand calculeux ne l'est plus. J'entends par là celui qui possède une pierre d'un volume tel qu'elle ne puisse être expulsée par les voies naturelles. L'eau minérale ne peut avoir aucune action sur une pierre de ce volume, elle ne peut que la nettoyer et la rendre irritante pour la vessie.

Après la lithritie au contraire cette cure s'impose pour traiter le catarrhe urinaire qui suit souvent et surtout pour prévenir toute récidive.

Il arrive quelquefois que l'on constate de l'*albumine* chez le lithiasique. Cette albuminurie ne contre-indique pas la cure, si la quantité d'albumine est faible et si la composition de l'urine est sensiblement normale d'autre part. Dans ces cas on voit souvent du reste l'albumine diminuer rapidement et quelquefois disparaître complètement.

Chez le lithiasique, l'eau minérale doit être administrée à dose aussi élevée que le permettent l'état des reins, l'élasticité des artères et la tolérance des voies digestives. Sauf intolérance des organes la cure doit être continuée aussi longtemps que l'on ne constate pas de diminution sensible dans le sédiment.

Quelquefois il arrive que sous l'action de l'eau, un agrégat plus volumineux se détache du rein en donnant lieu à une colique néphrétique. Dans ce cas, il faut interrompre l'administration de l'eau pendant la durée des phénomènes aigus pour la reprendre aussitôt après. La colique est en général moins douloureuse qu'en dehors de la période de cure.

Sous l'influence de la cure, la sécrétion du rein augmente, l'urine moins dense possède un pouvoir solubilisant beaucoup plus grand ; non seulement les urates et l'acide urique cristallisé se trouvent entraînés, mais les agrégats en voie de formation sont désagrégés et expulsés. Le sédiment augmente énormément souvent pendant le premier septennaire, pour diminuer ensuite progressivement et cesser d'ordinaire complètement à la fin de la cure.

Chez le petit calculeux, l'eau agit en lavant le calcul, en le débarrassant du mucus des parties solubles, en excitant ensuite la contraction des voies urinaires, elle détermine l'expulsion.

Il arrive souvent que la débâcle urique ne se produit pas au cours de la saison, mais plus tard, lorsque le malade est rentré chez lui. Cette débâcle peut également s'accompagner de colique néphrétique ; généralement ces phénomènes se produisent dans les cinq ou huit semaines qui suivent la saison.

2. Maladies hépatiques. Lithiase biliaire. — Dans les cas de lithiase biliaire, la marche à suivre est la même que dans le cas de lithiase rénale. La *colique hépatique* est une indication formelle de la cure d'Hammam-R'Irha ; non seulement la colique hépatique franche, mais encore les petites coliques frustes si souvent prises pour de simples douleurs gastralgiques. L'eau agit en augmentant la sécrétion biliaire et en réveillant la contractibilité de la vésicule.

Dès la découverte des sources, on avait remarqué le bon effet des eaux dans la congestion hépatique et dans la cirrhose hypertrophique avec ictère compliquée ou non de calculs biliaires. Dans ces cas, en effet, la cure d'Hammam-R'Irha donne des résultats remarquables. Elle est indiquée de préférence à celle des eaux alcalines fortes, dans les cas d'anémie. Celles-ci sont en effet à redouter chez l'anémique à cause de leur action affaiblissante et de l'appauvrissement globulaire sanguin qu'elles déterminent. Au contraire les eaux alcalines faibles d'Hammam-R'Irha agissent en activant la sécrétion biliaire et en produisant une déplétion considérable de tout système de la veine porte. Elles décongestionnent le foie grâce à leur action sur l'intestin.

Elles sont précieuses surtout chez les anémiques et les chloro-anémiques, grâce à leur richesse en fer.

3. Catarrhes des voies urinaires. Gravelle phosphatique.— Dans la plupart des catarhes urinaires la cure d'Hammam-R'Irha donne des résultats remarquables. Ces résultats dépendent naturellement de la cause et de la nature du catarrhe. Sont justiciables des eaux les catarrhes d'origine calculeuse blennorhagique ou cantharidienne, d'origine goutteuse ou rhumatismale, enfin ceux qui sont dus à l'hypotonie vésicale ou à l'hypertrophie de la prostate.

La cure doit être très surveillée et l'eau dosée avec grand soin afin de ne pas forcer la vessie. Il faut en général commencer par moitiés et quarts de verre. On doit espacer beaucoup les doses de façon à maintenir continuellement les voies urinaires sous l'action du médicament.

Au bout de quelques jours, on constate d'ordinaire trois choses : éclaircissements des urines, moindre fréquence des besoins, augmentation de la force du jet. Les urines perdent leur odeur fétide ; le malade n'étant plus réveillé par le besoin d'uriner passe des nuits tranquilles. Il ne fait plus d'efforts pour uriner et souvent le jet revient s'il avait disparu. Fait capital, l'urine qui était alcaline redevient très rapidement acide. Enfin on constate au microscope la diminution continuelle des éléments figurés, cellules épithéliales, vésicales, etc...

Chez les vieux catarrheux, la cure minérale, sans amener la guérison détermine une grande amélioration. La diminution des envies d'uriner rend le sommeil paisible, l'incontinence par regorgement disparaît souvent, le retour de la contractibilité vésicale affranchit de la pénible servitude de la sonde ; enfin en vidant et nettoyant le bas fond vésical, on enlève tous les éléments d'intoxication et on conjure la néphrite.

Certains catarrhes d'origine tuberculeuse et cancéreuse n'ont rien à faire avec la cure hydrominérale. Ceux qui sont dus à la présence d'un gros calcul ou d'un rétrécissement uréthral doivent subir d'abord une opération nécessaire qui lève l'obstacle. Enfin si le malade possède une vessie absolument atone ou un rein complètement dégénéré, la cure est formellement contre-indiquée.

Gravelle phosphatique secondaire.— Je dois dire un mot ici de cette gravelle liée de si près au catarrhe des voies urinaires qu'elle en constitue en quelque sorte une modalité. Elle est entièrement justiciable du traitement hydro-minéral, qui cicatrisera la muqueuse enflammée, cause première de la formation du sédiment. Sous l'action de l'eau, celui-ci se trouve éliminé et l'urine reprend son acidité normale. La cure doit être surveillée d'aussi près que dans le catarrhe urinaire.

4. Glycosurie arthritique.— Il est une sorte de diabète qui paraît être d'origine purement arthritique. Il se traduit d'ordinaire par une glycosurie peu marquée apparaissant chez un uricémique. D'abord intermittente, elle s'installe peu à peu. Jamais le taux de glucose n'est du reste très élevé. Ce qui achève de donner à ce diabète une allure spéciale, c'est la lenteur de sa marche et le peu d'inten-

LES SOURCES

(Cliché Geiser)

sité des phénomènes fonctionnels, communs aux autres sortes de diabète. Cette glycosurie arthritique est éminemment justiciable de la cure hydrominérale.

Très rapidement le taux de glucose diminue. Par contre l'analyse révèle qu'il s'établit souvent une balance entre le taux de glucose et celui de l'acide urique qui augmente dans de légères proportions.

Dans les autres formes de diabète où la glycosurie se maintient à un taux élevé, et surtout lorsqu'il y a déjà cachexie marquée, la cure hydrominérale ne peut être d'aucune utilité et serait même dangereuse s'il y a dégénérescence marquée des organes.

5. Goutte.— La goutte constitue une des principales indications de la cure d'Hammam-R'Irha, quelque soit l'organe qu'elle affecte.

On enregistre également des succès dans le cas de goutte articulaire et goutte viscérale. Certaines dermatoses, tels certains *eczémas* survenant chez des goutteux et fort probablement d'origine goutteuse, se trouvent guéris par la cure d'eau interne, alors qu'ils avaient résisté à toutes les eaux sulfureuses. Il en est de même pour certaines souffrances nerveuses vagues, douleurs névralgiques, contractures, spasmes, céphalée, rachialgie, névralgies faciales ou sciatiques, survenant dans les mêmes conditions. Enfin chez la femme c'est ce traitement interne qui, seul, donnera des résuîtats définitifs dans certains troubles menstruels, certains troubles congestifs ou inflammatoires, certaines métrites liées à la *goutte utérine*.

On doit avertir le goutteux de la nécessité de cures répétées pendant plusieurs années afin d'arriver à un résultat décisif.

Il se produit quelquefois des accès aigus au cours de la cure. Ces accès ne gênent pas le traitement hydrominéral qui doit être continué pendant l'accès, en prenant toutefois des précautions. Au cours de la cure, on voit en général le gonflement et les raideurs articulaires diminuer et se résorber les dépôts tophacés.

Le goutteux ne doit pas venir au cours d'un accès aigu, il est préférable d'attendre quelque temps avant de commencer la cure. Si la diathèse goutteuse a déterminé des altérations du muscle cardiaque et surtout des lésions vasculaires athéromateuses tout dépend de la profondeur des lésions. Le traitement hydrominéral peut être suivi même dans des cas très avancés, à condition d'éviter toute augmentation de la pression artérielle.

6. Artério-sclérose.— La cure hydrominérale trouve son indication dans l'artério-sclérose et dans les cardiophaties artérielles. Elle agit en effet en excitant la fonction rénale et en diminuant la tension vasculaire. Elle est surtout utile dans la phase préscléreuse alors que l'hypertension paraît être due surtout à un véritable spasme vasculaire.

La cure doit être surveillée de très près. Dans les cas d'artériosclérose marquée, les doses doivent être très réduites, 300 gr. à 500 gr. par jour donnés par petites doses espacées produisent d'excellents effets. A ces doses les cardiophates valvulaires bénéficient également de la cure.

7. Congestions rénales de la ménopause.—On constate souvent chez la femme au moment de la ménopause surtout chez la neuro-arthritique des congestions rénales supplémentaires assez graves. Dans ces cas la cure hydrominérale donne d'excellents résultats en faisant disparaître tous les symptômes congestifs.

8. Albuminerie arthrithique.—Je dois parler ici de certains albuminuriques dont la lésion paraît être sous la dépendance de la diathèse arthritique, soit que cette lésion soit due à la goutte soit à l'artério-sclérose. Ces malades retirent en général une grande amélioration de la cure hydro-minérale.

L'eau doit être administrée par petites quantités, avec grande prudence en surveillant toujours avec soin l'état du rein. On voit d'ordinaire au cours de la cure l'albumine diminuer et disparaître quelquefois complètement.

Les albumineries liées à d'autres lésions des reins par exemple à des lésions tuberculeuses ne retireront de la cure aucun bénéfice.

9. Chlorose, Anémie, Neurasthénie.— Acidulée et ferrugineuse, comparable comme richesse en fer à certaines sources de Forges, l'eau d'Hammam-R'Irha donnera également de bons effets dans la chlorose, l'anémie ainsi que de nombreux faits cliniques l'ont démontré depuis longremps. Ces eaux sont indiquées dans les anémies aiguës ou chroniques consécutives soit à des infections, soit à des pertes sanguines.

Chez les neurasthéniques l'eau exerce une action toni-sédative marquée. Elle agit très fortement dans les neurasthénies d'origine toxique et surtout dans celles consécutives à une toxi-infection d'origine biliaire. Dans ces cas on assiste à la rapide disparition des migraines.

10. Dyspepsies.— L'action de l'eau sur l'estomac a été signalée dès le début de la découverte des sources. Elle agit d'ordinaire très rapidement en augmentant la sécrétion gastrique et en stimulant la digestion. On peut citer de nombreux cas de malades dont la digestion d'ordinaire lente et pénible se trouve presque instantanément améliorée par l'usage de l'eau. Tous les médecins qui ont exercé à la station ont noté cette action et tout particulièrement ce rapide réveil de l'appétit qui se produit de façon constante.

La cure donne des résultats surtout dans l'atonie gastrique, la dyspepsie nerveuse neurasthénique et dans les dyspepsies hypopeptiques (hypoacidité, hypochlorhydrie, hypopepsie).

DÉPART POUR L'EXCURSION

(Cliché Geiser)

CONCLUSIONS

1. Les eaux froides gazeuses sulfatées calciques d'Hammam-R'Irha sont analogues aux eaux froides du bassin vosgien français (Contrexéville, Martigny, Vittel), et présentent des indications thérapeutiques identiques. Elles ont sur ces stations l'avantage d'une situation géographique exceptionnelle permettant au malade d'y accomplir sa cure à n'importe quelle époque de l'hiver.

2. L'action profonde de ces eaux sur la nutrition se traduit par une élévation du coefficient d'oxydation organique. Elles paraissent donc tout particulièrement indiquées dans les affections relevant de la diathèse arthritique.

3. L'expérience clinique démontre en effet leur efficacité dans la lithiase biliaire ou rénale, la goutte, la glycosurie arthritique, les catarrhes des voies urinaires, l'artério-sclérose et en général dans toutes les manifestations de l'arthritisme.

4. Leur richesse en fer et en acide carbonique libre, les rendent également efficaces dans la chlorose, l'anémie et les dyspepsies hypotoniques.

Chasse et Excursions. — Tout le pays situé autour de l'établissement est excessivement giboyeux. Il suffit de sortir du parc pour se trouver aussitôt en chasse, on y trouve en terrain découvert le lièvre, la perdrix rouge, la grive, la caille très nombreuses à certaines saisons. Le droit de chasse dans la forêt de Chaïba (800 hectares) appartient à l'établissement. Cette forêt constitue une merveilleuse réserve de gibier. On y rencontre des bécasses, ramiers, pigeons bleus, aigles, milans, etc..., les quadrupèdes sont représentés par le sanglier, le lynx, le porc-épic, le renard, le chat sauvage, la civette, le raton, etc... Celui qui consent à passer quelques nuits d'affût peut facilement tuer une hyène ou un chacal. Enfin ceux qui cherchent les émotions fortes s'enfonceront plus loin dans la montagne et pourront quelquefois y rencontrer une panthère.

Les environs étant très montagneux et boisés on peut faire un nombre illimité d'excursions pittoresques soit à pied, soit à cheval, à dos de mulet ou en voiture. Nous citerons ici simplement quelques noms :

Le Samsam, les Zaccars (1.600 mètres), *Tagrara, la Pointe Percée, le Nador,* sommets de montagnes d'où l'on découvre d'immenses panoramas.

Les marabouts de *Ton-Affria,* de *Sidi oua Lalla Allia,* de *Sidi Abdallah,* de *Sidi Lakdar,* lieux de pélerinage vénérés, entourés de curieux cimetières arabes.

On peut facilement dans la journée faire les excursions suivantes : *le Ravin-des-Voleurs, Margueritte et Milianah, Blidah, les gorges de la Chiffa* et le *Ruisseau des Singes, Marengo, le Camp des Guêtres* et le *Barrage de Meurad.*

Hammam-R'Irha peut être pris comme point de départ pour visiter *Cherchell, Tipaza, le Tombeau de la Chrétienne, Téniet-el-Haâd,* splendide forêt de cèdres, etc...

TABLE DES MATIÈRES

INTRODUCTION

Iee PARTIE. — LA STATION D'HAMMAM-R'IRHA

IIe PARTIE. — RESSOURCES THÉRAPEUTIQUES DE LA STATION

1. Hammam-R'Irha, Station Hivernale et Estivale

2. Les Eaux chaudes

3. Les Eaux froides

Imprimerie Algérienne, 30, rue Sadi-Carnot — Alger

Etablissement Thermal d'Hammam-R'Ihä - Grand-hôtel des Bains

2ᵉ Etage

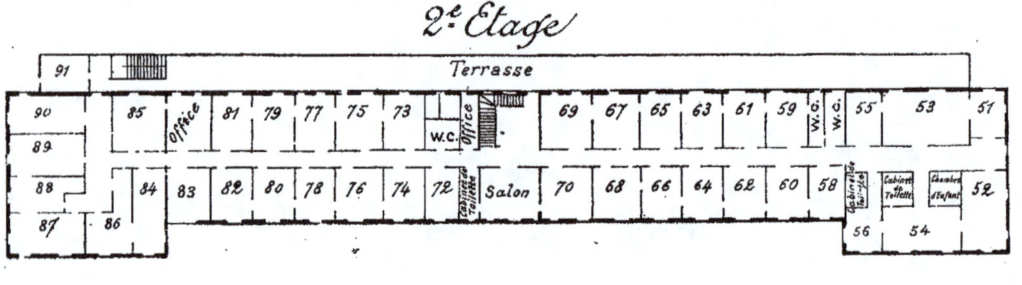

1ᵉʳ Etage

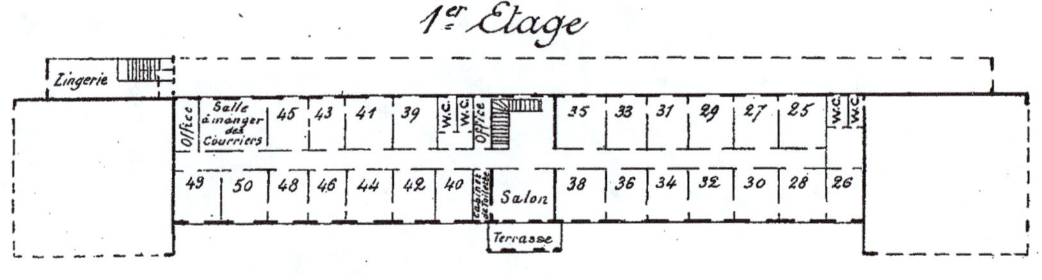

Rez-de-chaussée

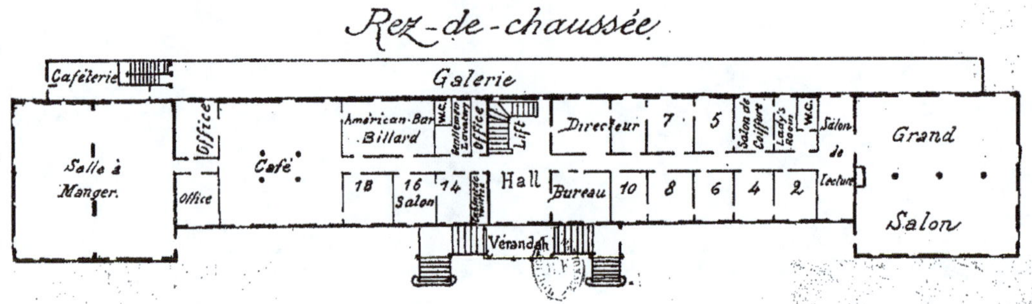